装备科技译著出版基金

电子战导论
——从第一次干扰到机器学习技术

An Introduction to Electronic Warfare
from the First Jamming to Machine
Learning Techniques

［美］ 郑纪豪　崔宝砚　**著**

王满喜　姚辉伟　陈冬冬　李　坤　**译**

国防工业出版社
·北京·

著作权合同登记　图字:01—2022—5446 号

图书在版编目(CIP)数据

电子战导论:从第一次干扰到机器学习技术/(美)
郑纪豪,(美)崔宝砚著;王满喜等译. —北京:国防
工业出版社,2024.4
书名原文:An Introduction to Electronic
Warfare:from the First Jamming to Machine
Learning Techniques
ISBN 978-7-118-13193-2

Ⅰ.①电… Ⅱ.①郑… ②崔… ③王… Ⅲ.①电子对
抗 Ⅳ.①TN97

中国国家版本馆 CIP 数据核字(2024)第 064518 号

An Introduction to Electronic Warfare:from the First Jamming to Machine Learning Techniques
by Chi-Hao Cheng and James Tsui
ISBN 978-87-7022-435-2
Original English Language Edition published by River Publishers,Copyright 2021. All Rights
Reserved.

※

国防工业出版社出版发行
(北京市海淀区紫竹院南路 23 号　邮政编码 100048)
三河市天利华印刷装订有限公司印刷
新华书店经售
*
开本 710×1000　1/16　插页 2　印张 9　字数 146 千字
2024 年 4 月第 1 版第 1 次印刷　印数 1—1400 册　定价 89.00 元

(本书如有印装错误,我社负责调换)

国防书店:(010)88540777　　　书店传真:(010)88540776
发行业务:(010)88540717　　　发行传真:(010)88540762

谨以此书纪念崔宝砚博士(1935—2019)

译者序

电子战是现代高技术战争中一种独立的作战方式,是不对称战争条件下极具威慑能力的作战力量之一,是电磁频谱作战中一个充满挑战的研究领域。它几乎贯穿于现代战争全过程,是赢得战场主动权和获取战争制胜权的关键,甚至可以决定战争的进程和结局。

随着科学技术的进步和世界各国对电子战投入的不断增大,电子战技术正以史无前例的速度向前发展,新技术和新装备不断涌现,从而促使电子战的作战领域和作战方式不断变化,随着人工智能技术的应用越来越多,电子战装备的能力也在发生着革命性的变化,其智能化应用发展将何去何从理所当然地成为当前关注的焦点之一。系统梳理电子战的前世今生将有助于分析、思考其发展进步的内在规律,为现阶段和未来的研究与应用提供科学的指导与启发。

由郑纪豪和崔宝砚合著的 *An Introduction to Electronic Warfare:from the First Jamming to Machine Learning Techniques* 由 River Publishers 于 2021 年出版。这是该出版社出版的面向信号、图像与语音处理的一系列综合性学术与专业书中的一部。目的在于为该领域的专业人员、研究人员、教育工作者或者高校学生提供相关领域的最新研究或发展。本书作者用通俗易懂的语言、丰富有趣的史料,全时间、多维度地介绍了雷达/电子战的前世今生,涵盖了雷达/电子战基本概念、系统原理、作战实例等丰富的内容。本书从雷达的基本概念和前期发展出发,总结了雷达/电子战的四层操作,即雷达工作、信号截获与分类、电子对抗、反对抗。进而针对每一环节中的关键技术进行了详细论述,如侦察接收机技术、电子战处理器技术、各种电子对抗措施与反对抗策略等,既有对传统的对抗与反对抗措施的梳理,也有基于人工智能的新技术应用的探讨,可满足不同类型读者的多样化需求。

本书由王满喜负责全书审校并翻译序言、第1、第10、第11章,第2~3章由陈冬冬翻译,第4~5章由姚辉伟翻译,第6~9章由李坤翻译。本书的翻译还得到了蒙洁、武忠国、崔新风、聂孝亮、戴幻尧等同志的大力支持和帮助,在此一并表示衷心的感谢。

本书覆盖面广,甚至涉及了光学专业的一些内容,由于译者技术水平和翻译水平有限,书中难免存在疏漏与不足之处,敬请广大读者批评指正。

译　者

2023 年 9 月

前 言

雷达和电子战(EW)系统之间旷日持久的对抗是一个需要深入思考的课题,但几乎只有这个领域的专业人员才感兴趣。尽管如此,为雷达和电子战系统开发的技术已经被应用于许多其他领域,如通信、交通管制、烹饪(没错,微波炉是由雷达工程师偶然发明的)等,从而影响着我们的日常生活。此外,雷达和电子战工程师竭尽所能试图智胜对方的历史读起来也很令人过瘾。本书的主要目的是以一种专业和非专业读者都容易理解的方式介绍雷达和电子战系统的基本概念。在整本书中,用大量丰富的历史事件来说明雷达/电子战技术是如何发展和演变的。作者有意地限制了方程的使用,但本书所呈现的材料是非常丰富的,作者的愿望是,无论读者的教育背景如何,都可以获得有趣的信息,并感到阅读本书没有浪费他们的时间。

本书共分11章。第1章涵盖了不涉及雷达的无线电频谱战的早期阶段,它可以被认为是电子战的前身。第2章介绍了雷达的基本概念及其早期发展的一些历史。电子战概述和电子战系统分别在第3章和第4章中介绍。约瑟夫·卡斯切拉先生是一位退休的美国空军研究实验室(AFRL)工程师,在第4章中为电子战处理器的章节提供了非常有价值的信息。第5章是电子战系统和雷达所采取的对策和反对策,本书所述的电子战系统的主要目的是防止飞机被对方导弹制导雷达锁定。第6章主要研究导弹发射后的探测与防御。箔条、照明弹和诱饵被认为是被动电子战对抗,因为它们不发射干扰信号,它们将在第7章中介绍。电子战系统设计用于干扰雷达操作的对抗措施。如果雷达探测不到飞机,那就不需要这样的对抗措施,在这种情况下雷达就不存在威胁,而第8章所述的隐身飞机就是为此目的而研发的。同样,低截获概率雷达用于规避电子战系统侦测。这部分内容在第9章中讨论。机器学习已经成为众多领域的人都愿意使用的工具,第10章概述了机器学习在电子战领域的一些应用。第11章是本书的总结。

本书作者非常感谢他们在美国AFRL的同事和合作者,他们为作者提供了难得的提高电子战领域专业知识的机会。我们不可能列出所有帮助我们在事业上成长的AFRL同事的名字,但我们深深感谢他们的支持。这本书的大部分是在郑纪豪休假期间完成的,他想对迈阿密大学的支持表示感谢。Shannon Cheng

老师为这本书做了插图,非常感谢她的努力。我们也要感谢来自 River 出版社的 Nicki Dennis 女士和 Junko Nakajima 女士的帮助。没有他们的帮助,本书不会成功付梓。最后,同样重要的是,我们要感谢我们的妻子,她们都叫苏珊,感谢她们的鼓励和理解,让我们花这么多时间在这本书上。

郑纪豪的笔记

本书是由崔宝砚博士和我在 2017 年开始的一个项目发起的。最初的计划是写一本关于雷达和电子战系统的"故事书",其中一些故事来自崔宝砚博士在美国空军长期职业生涯中的个人经历。虽然崔宝砚博士邀请我与他合作,但他慷慨地坚持要做第二作者。后来,我们决定增加更多的技术内容,补充了部分章节。然而,当我们联系意向出版商时,我们收到的反馈是,我们应该为实践工程师编写一本关于先进电子战系统的教科书,因此我们推迟了项目。不幸的是,由于崔宝砚博士的健康状况迅速恶化,于 2019 年离我们而去。非常遗憾,我们一直未能启动编写一本专著的项目。后来,我决定扩展并完成我们尚未完成的项目,Nicki Dennis 女士建议我与 River 出版社一起合作出版这本书,我希望这本书能达到她的期望。通常,崔宝砚博士把他出版的书籍献给他的父母和/或妻子,但这本书应该是对 15 年前把我带到电子战领域的崔宝砚博士的纪念,我很荣幸能成为他的最后一本书的合著者。

目　录

第 1 章
简介:从第一次干扰到波束之战

1.1　第一次干扰[1-6]

　　1901 年,第 11 届美洲杯国际帆船赛在纽约举行。由于当年 9 月的威廉·麦金利(William McKinley)总统遇刺事件,比赛被推迟了几个星期。那一年,冠军将在纽约帆船俱乐部的"哥伦比亚"号(卫冕者)和皇家阿尔斯特帆船俱乐部的"沙姆罗克"号(挑战者)之间产生。古列尔莫·马可尼的马可尼公司和李·德·福里斯特的无线电报公司,都在赛事举办方租用的船上安装了无线电发射机,以便向岸上的记者发送比赛快报。马可尼与美联社签订了合同,用无线电报道有关比赛情况,而李·德·福里斯特则向出版商协会报道比赛情况。1899 年,马可尼利用无线设备成功地报道了第 10 届美洲杯帆船赛,并成功地大大提升了其公司的价值。这一次,李·德·福里斯特旨在通过与马可尼直接竞争来获得类似的宣传。

　　当这两家公司开始传输信号时,他们的信息被另外一家公司——美国无线电话和电报公司(AWT&T)破坏了。根据报道,AWT&T 公司在没能与新闻机构签订任何合同的情况下,制定了一个方案,即马可尼和德·福里斯特在帆船比赛中发送他们自己的最新消息时,干扰他们的无线电发射机[2-3]。AWT&T 工程师约翰·皮卡德通过安装比竞争对手功率更大的发射机,并用一种简单的编码来提供实时更新的赛况,即一个重复的 10s 的长"划"(持续时间较长的音调)表示"哥伦比亚"号领先,两个重复 10s 的长"划"表示"沙姆罗克"号领先,三个重复 10s 长"划"表示它们并驾齐驱,不分上下等。在这些长"划"发射期间,其他发射机的信号无法被正确接收。最终,马可尼和德·福里斯特的公司都无法提供准确的比赛报道。尽管如此,AWT&T 也未能成功报道帆船比赛(顺便说一句,"哥伦比亚"号赢得了比赛)。有些人认为这一事件是无线电通信历史上的第一次人为干扰。但根据其他说法,AWT&T造成的干扰并非故意且"干扰"并未成功。在这个版本的故事中,第一次有意并且成功的干扰发生在1903年的美洲杯帆船赛上,还是这三家相同的公司,马可尼、德·福里斯特和国际无线电报电话公司(AWT&T的继任者)[4-5],其中第三家公司国际无线电报电话公司仍然是破坏者。

1887年,德国物理学家海因里希·鲁道夫·赫兹证明了苏格兰科学家詹姆斯·克拉克·麦克斯韦所预言的电磁波的存在。詹姆斯·克拉克·麦克斯韦著名的麦克斯韦方程为描述电场和磁场及其相互作用提供了一个框架。麦克斯韦预言了以光速传播的振荡电场和磁场的存在,并声称光和电磁波具有相同的性质。通过图1.1所示的设置,赫兹演示了当电流通过线圈时,可以产生无线电波,并可以被图中所示的接收机接收。

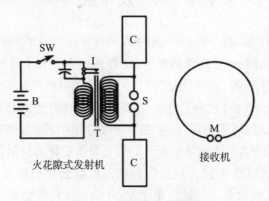

图 1.1　赫兹实验电路图

电磁波被证实存在后不久,基于这一发现的开发应用引起了人们的关注和研究。对一些工程师来说,电磁波可能是一种有用的通信手段。有线电报是在19世纪30年代发明的,它利用通过电线的电场传送信息。许多发明家都独立地发明了有线电报,其中一位是美国发明家塞缪尔·摩尔斯(Samuel Morse)。塞缪尔·摩尔斯设计了著名的摩尔斯电码,它用短音(称为点)、长音(称为划)和一段停顿来表示拉丁字母和阿拉伯数字,划/点之间、单词之间或句子之间的停顿长度各不相同。如果电线的电场可以用来传输信息,那么利用电磁波在大气中传播来开发无线电报是再自然不过的事了。赫兹对电磁波的演示深深启发了广大的无线电报开发人员,其中第一个证明这种系统可行性的人是意大利发明家古列尔莫·马可尼。马可尼首先演示了可以通过无线电波远程摇铃;然后,他不断致力于延长无线电传输距离。1896年,马可尼首次向英国政府演示了他的无线电报技术,并在 1909 年与卡尔·费迪南德·布劳恩(Karl Ferdinand Braun)共同获得诺贝尔物理学奖,以表彰他们对无线电报技术发展的贡献。在他们那个时代,涌现了一大批杰出的电气工程师,包括托马斯·爱迪生和尼古拉·特斯拉,而马可尼是唯一一个获得诺贝尔物理学奖的人。

自从无线电通信发明以来,它的价值很快得到了军方的认可。1901 年,在马可尼首次成功演示跨大西洋之间的无线电通信后,无线电通信就被世界各地海军普遍采用。在军事演习和战争中,干扰敌人的无线电通信已司空见惯。1904 年 2 月 8 日,日俄战争爆发,1904 年 5 月旅顺港被封锁。在旅顺港被封锁期间,俄罗斯无线电操作员在日本袭击之前就意识到无线电通信的强度在不断增加,并将其作为一个早期预警信号。1904 年 3 月 8 日,两艘日本装甲巡洋舰"春日"号和"日进"号轰炸旅顺港。日军派出一艘小型驱逐舰,停泊在靠近海岸的有利地点来观测弹着点,并用无线电报向两艘巡洋舰报告射击校准信号。俄军的一名无线电报务员截获到这条无线电通信,并意识到这个信号的重要性,因而开始对其进行干扰,结果日军轰炸造成的伤害大大地减少。这一事件通常被认为是无线电干扰在实战中的首次应用。

由于俄军远东舰队损伤惨重,俄军派出波罗的海舰队前去执行任务。由于波罗的海舰队的舰船数量较少,而且航行速度比日军联合舰队的舰船慢,波罗的海舰队的首要任务是在不被发现的情况下到达俄罗斯的符拉迪沃斯托克港(旅顺港于 1905 年 1 月 2 日沦陷)。1905 年 5 月 27 日,在接近对马海峡时,波罗的海舰队被日本武装商船"信乃丸"号发现。"信乃丸"号通过无线电向日本海军上将东乡平八郎的旗舰报告了这一消息。有趣的是,尽管波罗的海舰队配备了无线电发射机,能够干扰日本的无线电通信,而且在战争早期,俄军已经实践过无线电干扰,俄海军上将季诺维耶夫·罗泽斯特文斯基没有听取部下军官的建议,决定不对日本的无线电进行干扰。因此,联合舰队能够定位到波罗的海舰队,并在对马战役中取得了决定性的胜利。

1.2 无线电导航与波束之战[6-8]

除了通信,无线电信号还可以用作导航工具。无线电导航自然而然地很快就被利用在战争中,而且,不出所料,干扰和抗干扰技术逐步发展起来。最早的案例是第二次世界大战中所谓的"波束之战"。

第二次世界大战爆发后,纳粹德国很快占领了西欧的大部分地区。纳粹德国认识到,由于英国拥有强大的海上力量,从海上入侵英国是很困难的。于是,纳粹德国计划通过海上封锁和空袭相结合,迫使英国达成和平协议。德国空军派轰炸机摧毁英国的港口、机场、工业设施等军事和经济目标。与战斗机相比，轰炸机体积更大、重量更重，因此很容易成为战斗机打击的目标。在实施轰炸时，德国空军的轰炸机需要战斗机护航，以保护它们免受英国皇家空军(RAF)战斗机的攻击。然而，由于在不列颠之战中，德国空军无法获得对英国皇家空军的空中优势，因此德军轰炸需要在夜间进行。在夜间，英国皇家空军的战斗机看不到德国空军的轰炸机，所以德机不会受到攻击。另外，德国空军的轰炸机在黑暗中难以定位目标。为了在夜间发现某一目标，轰炸机必须在夜幕中知道自己的方向和与目标的距离，因此一些非可视的导航方法是必要的。

使用信标无线电信号作为向导来帮助飞行员找到正确方向是一个简单方法。飞行员可以按照无线电信号所指向的方向驾驶飞机，就像一个人在闪光灯照亮的道路上行走一样。但是，这种方法存在一个技术问题：如果无线电波束很窄，飞行员一旦偏离了航路，他们将很难找到正确方向；如果无线电波束很宽，由于波束总是偏离发射极，定向精度会受到影响。

为了解决这个问题，在第二次世界大战之前，一种名为"洛伦兹"的双无线电波束导航系统被开发出来。"洛伦兹"系统使用两个相邻的无线电发射机来传输无线电信号，一个发射"划"信号和一个发射"点"信号，如图1.2所示。这两个无线电发射机是同步的，以便"点"信号在无声周期内发射在"划"信号之间，反之亦然。这两束无线电波束同时略微重叠；因此，当飞行员在发射机指向的重叠区域飞行时，他们会听到连续的音调。这个重叠区域被称为"等信号区"。如果飞行员偏离了航道，他们将会根据所听到的无线电信号对航向进行修正。这种方法在第二次世界大战前被用来引导飞机在夜间降落，当时大多数飞机都已安装了接收机来接收30MHz的洛伦兹信号。为了采用这种方法引导德国空军轰炸机飞向英国，需要一种能产生窄的无线电波束的无线电发射机。

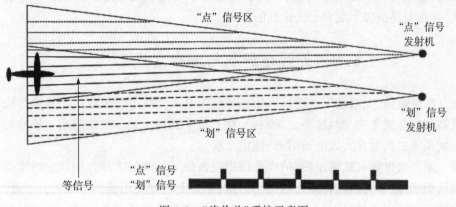

图1.2 "洛伦兹"系统示意图

洛伦兹系统的设计是为了引导飞机飞向发射机,但实际的军事应用要求轰炸机远离发射机,飞向目标。然而,德国成功地完成了这项任务,并在被占领的法国建造了几个这样的发射台,向英国发射无线电信号。用来确定方向的无线电波束称为引导波束。除了要知道正确的航向,飞行员还需要知道在哪里投放炸弹。因此,使用了第二个无线电波束,称为交会波束。德军设置另一组发射机发射与引导波束相交于目标处的交会波束,如图 1.3 所示,轰炸机在相交区域投掷炸弹,德国人把该系统命名为"拐腿"。

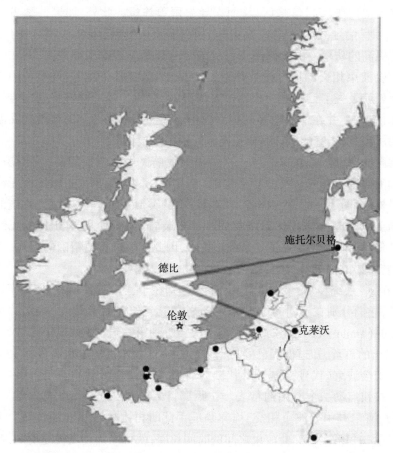

图 1.3 "拐腿"系统示意图

英国人怀疑德国人使用了无线电导航系统,其中在空军部情报局工作的科学家 R. V. Jones 博士猜测,德国使用的是一种类似洛伦兹系统的导航系统。因此,他命令一架飞机搜索频率在 30MHz 左右的无线电信号。英国的其他一些科学家却质疑这种 30MHz 频率的远程无线电波束用于导航的可行性,因为他们认为 30MHz 的无线电波会受地球曲率的影响。但是,在几次搜索失败之后,德国的无线电引导波束被发现了。一旦识别出信号,就需要采取相应对策。一种解决办法是用强噪声干扰德国信标无线电信号。然而,此举会提醒德国人他们的系统已经被干扰了。所以,英国人采取了另一种对策。英军研制了一种代号为"阿司匹林"的发射机(英军对"拐腿"系统的昵称是"头痛"),它发射的"划"信号与带有定向天线的"拐腿"系统发送的信号类似。原则上,如果将干扰信号对准"拐腿"系统的"点"信号区,英军就可以产生另一个等信号区,或者让德国飞行员认为他们在"划"信号区,从而误导德国轰炸机。此外,如果德国飞行员听到两个"划"信号,他们会忽略真实的"划"信号,因为"阿司匹林"发射的"划"信号具有更高的功率。由于德国飞行员接受的训练是跟踪引导波束,并在引导波束和交会波束相交的地方投下炸弹,当"拐腿"系统被干扰时,许多德国轰炸机在很远处就丢失了目标。一些英国人认为,他们的工程师能够将德国轰炸机引导至任何方向,并在他们选择的地方投下炸弹,因此,当德国的炸弹投在温莎城堡时,乔治六世王室的审计官向英国政府提出了投诉。

德国的"拐腿"系统是在第二次世界大战前民用航空使用的"洛伦茨"系统的基础上研制出来的。"拐腿"系统和"洛伦茨"系统都使用 30MHz 的无线电信号。另外,德国还研制了一种名为"X-装置"的类似系统。"X-装置"系统的引导波束的工作原理与"拐腿"系统相同,但"X-装置"系统使用 74MHz 的无线电信号,其"等信号区域"比"拐腿"系统小得多,因此能够进行更精确的轰炸。"X-装置"系统窄小的引导波束代号为"威悉河"。

"拐腿"系统和"X-装置"系统的主要区别在于,"X-装置"系统使用了三个交会波束,它们分别在不同的位置与引导波束相交,如图 1.4 所示。当轰炸机离目标 30mile(1mile≈1609m)时,炸弹瞄准手会听到第一道交会波束(代号为"莱茵河")发出的声音,知道他们已经接近目标。一旦轰炸机越过距离目标 12mile 的第二道交会波束(代号为"奥德河"),炸弹瞄准手就会听到另一个告警信号,然后按下按钮启动一个专用的秒表。在距离目标 3mile 处最后一道交会波束(代号"易北河")与引导波束相交,炸弹瞄准手此时再次按下相同的按钮。根据飞机通过第二和第三道交会波束之间的时间长度,就可以确定飞机速度。因此,如果轰炸机花 30s 飞越第二和第三道交会波束之间的 9mile,那么在第二次按下按钮 10s 后,炸弹将被自动投放。

原则上,干扰"拐腿"系统的方式同样可以干扰"X-装置"系统的引导波束。但是,英军干扰机的"划"信号频率为 1500Hz,"X-装置"系统的"划"信号频率为 2000Hz。这样"X-装置"系统的滤波器可以滤除掉英军的干扰信号。后来,英军制造了一道伪干扰波束在轰炸机越过第二道交会波束之前与引导波束相交。导致德国轰炸机在到达目标之前就投下了炸弹。由于"X-装置"系统使用的无线电频率与洛伦茨系统的频率不同,并不是每一架德国轰炸机都装备"X-装置"系统。在每次任务中,几架装备"X-装置"系统的德国轰炸机充当探路者,其他德国轰炸机紧随其后。如果探路者被欺骗,整个小队的轰炸精确性将会大打折扣。

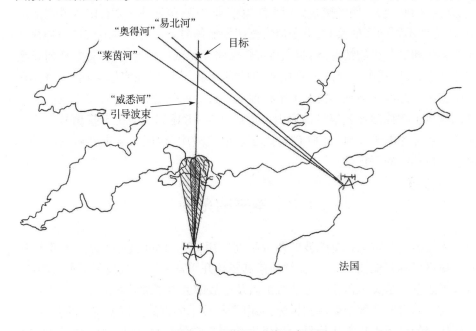

图 1.4　"X-装置"系统示意地图

在英国人干扰"拐腿"系统和"X-装置"系统后,德国研制了另一种导航系统——"Y-装置"。"Y-装置"系统的地面站向目标发射引导波束来给轰炸机导航,其原理与之前的"拐腿"系统和"X-装置"系统一样。不同的是,交会波束不再从其他地面站发射,而是由同一地面站发射一个单独的测距信号给轰炸机。轰炸机在收到测距信号后立即将信号转发回地面站。通过比较接收信号和发射信号的相位,地面站可以准确地算出轰炸机的位置,并在轰炸机抵达目标时,向其发出炸弹释放信号。

英国人对"Y-装置"系统采取的干扰策略也很简单:将由轰炸机发的测距信号接收下来并将其直接转发回德国地面站,使地面站无法精确地确定轰炸机的位置。"Y-装置"系统被英国人成功干扰后,德国人开始将其轰炸机转移到东欧,准备对苏联进行即将来临的进攻,波束之战也就此结束了。

从这段早期电子战的历史中,我们可以了解一些重要的电子战原理。第一,除非必要,不要发射信号,因为敌人无时无刻不在战场上搜索信号。德国人在轰炸任务之前很久就开启了他们的系统,甚至在不使用的时候也开启系统。如果他们在不使用的时候不发射信号,英国人就需要花更长的时间来找到德国的导航信号(一些英国专家一开始甚至不相信这种信号的存在)。此外,了解对手的信号是至关重要的。R. V. Jones 博士正确地推断出德国人的导航系统的工作频率,并搜索到了它。倘若搜索德国无线电信号失败,琼斯博士就会陷入难堪的境地,因为他不顾同事的反对,下令搜索德国导航信号。在对感兴趣信号的特征一无所知或知之甚少的情况下,制定对抗策略将变得艰巨而耗时,而且在任何类型的比赛中,反应速度往往决定着比赛的最终结果。此外,在实施干扰时,最佳做法是在不引起敌人察觉的情况下干扰他们。这可能就是为什么英国人没有简单地用噪声干扰德国导航信号的原因。最后,应该考虑如何对抗干扰信号。这一领域通常称为电子反对抗(ECCM)。在波束之战中,德国人从未尝试用电子反对抗对付英国的干扰机。

1.3　本书的范围

无线通信和雷达是电磁波的两种早期应用,至今仍在世界上发挥着重要作用。像飞机等其他技术一样,无线通信和雷达几乎从一开始就被用于军事用途。这本书的重点是关于雷达及雷达对抗以及空战中的电子战系统。

雷达的目的是远距离探测目标,而电子战技术的目的是探测雷达的存在,并采取适当的行动干扰雷达信号。如果雷达发现它的信号已被干扰,就可能采取反对抗措施。本章前面所述的干扰的例子表明,在一种工具被研制出来获得商业或军事优势后,人们是如何迅速而富有创造性地设想出相应的对策的。虽然本章中的例子不是关于雷达的,但它们通常被认为是电子战的先驱。

16 世纪的中国小说《封神榜》,它讲述的是发生在公元前 1100 年左右的商周两个朝代交替时期的战争。在小说中,双方战斗中的神仙和妖怪大多数拥有特殊的能力,比如能够听到敌人的对话,能够在 1000 英里外看到敌人的行动。能够耳听八方的妖怪叫顺风耳,能够眼观千里的妖怪叫千里眼。通常一种特殊能力都会面对它的对抗措施,这就像雷达和电子战。在这个故事中,千里眼和顺风耳在战争中为商纣王所用,给周武王的军队造成了巨大的损失。起初,西周的元帅怎么也查不出他的作战计划和行动是如何泄露给敌人的,直到他的情报人员发现这两个妖怪的特殊能力。西周元帅得知这两种特殊能力后,便制定了这样的对策:在备战时,用 1000 名鼓手击鼓使顺风耳听不见情报,用 2000 面红旗挡住千里眼的视线使其看不见己方军队部署。从而这两个特殊的能力被压制,千里眼和顺风耳在接下来的作战中就被打败了。有趣的是,这本 16 世纪的小说中描述的情节与电子战技术有一些相似的特点。使用鼓手击鼓来使顺风耳听不见的措施类似于用强噪声干扰雷达，使其难以接收雷达回波信号，并且我们几乎可以认为用 2000 面红旗遮挡千里眼的手段是在雷达屏幕上生成大量的虚假目标从而阻塞雷达"视图"的前身。

　　本书通过历史事件来演示雷达和电子战技术。然而，本书的目的是介绍雷达和电子战的基本工作原理，而不是讲述雷达或电子战的历史。理解本书内容，除了一些高中生或大学新生水平的数学和物理知识，不需要先进的技术和知识背景。本书的主题是雷达和电子战系统之间的干扰和抗干扰措施。我们相信雷达和电子战技术的发展故事就像一部优秀的小说一样有趣，如《封神榜》，理解这些技术的原理有助于更深刻地理解人类创造力，希望读者读完本书后会认同此观点。

参考文献

[1] Orrin E. Dunlap, Marconi: the Man and His Wireless, the MacMillan Company, 1937.

[2] Alfred Price, The History of US Electronic Warfare, vol. I, The Association of Old Crows, 1984.

[3] R. Schroer, "Electronic Warfare. [A century of powered flight: 1903–2003]," IEEE Aerospace and Electronic Systems Magazine, vol. 18, no. 7, pp. 49-54, July 2003.

[4] Thomas H. White, "Pioneering U. S. Radio Activities (1897–1917)," United Sates Early Radio History http://earlyradiohistory. us/sec007. htm.

[5] Adrian M. Peterson, "World's First Jamming Transmissions" Wavescan, October7, 2012, http://www. ontheshortwaves. com/Wavescan/wavescan121007. html.

[6] Mario de Arcangelis, Electronic Warfare: From the Battle of Tsushima to the Falklands and Lebanon Conflicts, Blandford Press, 1985.

[7] Alfred Price, Instruments of Darkness: the History of Electronic Warfare 1939–1945, Frontline Books, 2017.

[8] Carlo Kopp, "Battle of the Beams," Defence Today, pp. 76-77, January/February 2007.

[9] R. V. Jones, Most Secret War, Wordsworth, 1978.

第2章
雷达基本原理及其早期发展

2.1 引言

无线电探测和测距(RADAR)是为在军事行动中远距离探测目标的位置和速度而发明的。今天,有许多类型的雷达用于民用,例如,气象雷达利用云层对电磁波的反射监测天气状况。在机场,空中交通管制雷达用于探测空中的飞机,进行空中交通监测/管制。警察用雷达测速仪检测司机驾驶的速度。尽管人们不一定喜欢雷达测速仪,但它们在一定程度上保证了驾驶安全。还有许多满足不同用途的特制雷达,如用于绘制如树根根系等地下特征的地质雷达。

电子战被认为是一种对抗雷达的军事手段。在军事雷达发明和部署之前,如第1章所述,电磁波已经被用于军事目的的通信和导航以及相应的干扰手段。尽管如此,这些干扰手段应该被看作是电子战的先驱,且电子战不应该被看作是一个独立的研究领域。电子战是对雷达在军事上应用的一种应对,只有当雷达被发明并广泛应用于军事的各个领域时,对抗雷达的对策(即电子战)才成为一个重要的问题,电子战的研究才开始蓬勃发展。

汉语中一个表示对立双方的词叫"矛盾","矛"就是长矛,"盾"就是盾牌。这源于中国哲学家韩非子(公元前280—233年)写过的一个故事:有个商人在市场上既卖矛又卖盾。他说他的矛非常锋利,可以刺穿任何东西,没有什么能阻挡它。然后他拿出他的盾牌,并称它可以阻挡任何武器。这时,一个路人问他,如果有人用他的矛攻击他的盾,会发生什么事呢? 商人哑口无言。

韩非子很有可能编造了这个故事来解释自相矛盾的含义。在今天的国防工业中,一家公司同时生产雷达和电了战系统是很常见的,但可能没有一家公司曾经或将来会在任何军事装备展览会上做出像这位中国古代商人那样大胆的声明。然而,我们仍然可以从这个故事中得到一些启示。例如,制作矛的目的是让矛锋利到足以刺穿任何盾牌,为了达到这个目的,对盾牌有一些了解是必要的。同样的原则也适用于盾牌制造者。同理,要理解电子战技术,了解雷达知识也是必要的。

本章将介绍雷达的基本概念和简要历史。一部雷达从概念到实现,首先要解决许多工程难题,本章将讨论其中几个关键问题。由于本书是关于电子战的,所以这里只讨论军用雷达。

2.2　距离估算的困难

从技术上讲,远距离测距是很难的。人们可以通过目测目标的大小来估计他们与目标的距离。如果一个人看起来很小,这个人就应该是远距离的。有时候,距离是可以通过参照物来估计的,如"一个人离我们两个街区远"。然而,这种目测并不总是准确的。中国有句谚语叫"望山跑死马",意思是说,虽然山看着很近,但骑着马到达山下,估计马也要筋疲力尽。一些越野跑爱好者可能会非常认同这种说法。

第 1 章描述了在不列颠之战中,德军在夜间空袭中使用无线电波束估算飞行距离的一些技术。虽然这些方法的原理是正确的,但因为用于指示距离的无线电波束太宽,所以测距精度不会很高。

雷达的发明至少解决了两个重要问题。一是探测远距离目标。在雷达发明之前,士兵通过双筒望远镜搜寻空中的飞机。如果士兵听不到引擎的声音,就难以搜寻到飞机。有些飞机的机翼上装有灯泡。这种灯光可以使飞机与明亮的阳光混合在一起,从而降低飞机被发现的概率。二是测量飞机的距离和速度。如果看到一架径直飞向自己的飞机,飞机在空中看起来就像一个静止的目标。在这种情况下,人们是无法估计飞机的距离和速度的。

2.3　蝙蝠与雷达

当崔宝砚刚刚进入青少年时期时,他家就搬到了台北,住在城郊的一所房子里。房子附近有稻田,房子里有很多蝙蝠居住。他和家人住在天花板下,而蝙蝠就住在天花板周围。因为中国人认为蝙蝠是能带来好运的动物,所以他们家和蝙蝠相处得很和谐。后来,在 20 世纪 50 年代崔宝砚博士在上大学时得知人们从蝙蝠的灵感中发明了雷达。蝙蝠在黑暗中飞行,它们在黑暗中看不见东西。但是,蝙蝠可以发出声波信号,当信号遇到目标时,信号从该目标反射回来,蝙蝠接收到回声并利用回声来引导它的飞行。每只蝙蝠都利用这一过程在黑暗中导航并捕捉昆虫。工程师们因此受到启发,用电磁波代替了声波信号来制造雷达。一些在线视频显示,成千上万的蝙蝠在黑暗中飞翔。这些蝙蝠看似随机地飞行,但彼此之间不会发生碰撞,并在飞行时还可以在半空中捕捉猎物。但是,蝙蝠只能在相对较短的距离内工作,而雷达被设计用来探测数百公里外的飞机。然而,如果在一个有限的空域内有许多快速移动的飞机,飞机间碰撞可能就不可避免了,且地面雷达也难以区分它们。

2.4 雷达的早期发展[1,2]

雷达的基本原理是利用反射电磁波探测目标。在 20 世纪 30 年代,美国、英国、德国、法国、苏联、意大利、荷兰、日本等几个国家都在研制基于类似原理的雷达。1940 年,美国海军首次提出雷达的缩写词为 RADAR。雷达的工作原理很容易理解,其目的再清楚不过了。但是,研制雷达并不容易,许多技术问题直到20 世纪 30 年代末和 40 年代初才得到解决。值得一提的是,即使在雷达被研制出来并开始使用之后,也并不是每个人都信任这种新装备。1941 年 12 月 7 日,当美国在夏威夷奥帕纳雷达站新部署的 SCR-270 雷达探测到 132 英里以外一大群日本轰炸机正在接近时,士兵将该警报上报却被驳回了。正如我们所知,日本后来轰炸了珍珠港,这是美国最大的军事灾难之一。尽管人们不断推测如果雷达告警信号没有被驳回的话会发生什么,应该注意的是,由于雷达确实探测到了日本飞机,美国雷达项目在第二次世界大战剩余时间里得到了大量资金支持。它得到了比制造了原子弹的"曼哈顿"计划更多的资金,当然,原子弹的出现结束了第二次世界大战。第二次世界大战期间从事美国雷达项目的人曾经说过,"原子弹可能结束了战争,但雷达赢得了战争。"

在下面的章节中,我们将讨论建造雷达的需求,并介绍一些雷达使能技术。

2.5 雷达原理和雷达方程

雷达的目的是探测目标并计算它们的距离。其基本概念是发射电磁波信号并检测反射的目标回波。虽然我们想要雷达瞬间探测到各个方向的目标,但实现这一目标是困难的。这个问题可以这样解释。假设雷达同时向各个方向发出信号,从这个信号源发出的电磁波信号就会呈球状辐射出去。球的表面积为 $4\pi r^2$,其中 r 是球的半径,也是信号源与目标之间的距离。因此,到达目标的能量是发射能量的 $1/4\pi r^2$。如果 r 很大,只有非常小的一部分发射能量到达目标。

假设来自目标的反射(也称为蒙皮反射或回波)也不是定向的,它也以球体的形式辐射。那么,到达雷达的能量密度是反射信号能量的 $1/4\pi r^2$。因此,反射回信号源的总能量与 $1/(4\pi r^2)^2$ 成正比。这通常是传输信号能量的很小一部分。即使使用定向天线(信号不是全向发射),信号功率仍然与 r^4 成反比。下面的雷达方程给出了雷达发射信号功率与接收信号功率的关系:

$$P_{rec}=P_t G\frac{\sigma}{4\pi r^2}\frac{\dfrac{G}{4\pi}\left(\dfrac{c}{f}\right)^2}{4\pi r^2}=P_t G^2\frac{\sigma}{(4\pi)^3 r^4}\left(\frac{c}{f}\right)^2 \qquad (2.1)$$

式中: P_{rec} 为接收信号功率; P_t 为发射信号功率; σ 为目标横截面积(反射雷达信号的面积); G 为天线增益; $\dfrac{G}{4\pi}\left(\dfrac{c}{f}\right)^2$ 为接收天线的有效口径, c 为光速, f 为信号频率; r 为雷达与目标的距离。

　　$1/4\pi r^2$ 和 $1/(4\pi r^2)^2$ 这两项对电子战应用十分重要。在设计雷达接收机时,要知道信号的预期频率范围和信号持续时间等特征。因此,雷达接收机可以滤除不需要的信号,灵敏度可以很高,但其接收的信号能量与发射信号能量的 $1/(4\pi r^2)^2$ 成正比。目标飞机上也有一个接收机,它称为电子战接收机,用于探测未知的雷达信号。因为目标飞机上的电子战接收机不知道雷达信号的任何信息,所以它的接收机带宽要做得宽,以免错过潜在的对方雷达信号。因此,与雷达接收机相比,电子战接收机的灵敏度不是很高。然而,电子战接收机接收到的雷达信号能量与雷达发射能量的 $1/4\pi r^2$ 成正比,远远大于雷达接收机接收到的雷达回波信号的能量。此外,电子战接收机在雷达接收雷达回波信号之前拦截雷达信号,图 2.1 展示了这种关系,同样的推理可以应用于干扰。如果目标飞机向雷达接收机发送干扰信号,干扰信号到达雷达的能量与传输干扰信号能量的 $1/4\pi r^2$ 成正比。因此,干扰机干扰雷达的信号可以比雷达信号强得多。第 3 章将重点讨论电子战接收机。

2.6　高频源要求

　　电磁波的波长和频率的概念解释如下。假设电磁波是一个正弦波信号,以光速传播,如图 2.2 所示。波长是信号一个周期的长度,频率是信号在 1s 内通过一个定点的周期数。波长与频率之间的关系可以写成

$$f\lambda=c \qquad (2.2)$$

式中: f 为信号频率(单位:Hz); λ 为相应的波长; $c=299,792,458\text{m/s}$ 为真空中的光速。

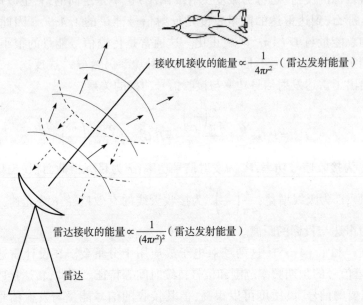

接收机接收的能量 $\propto \dfrac{1}{4\pi r^2}$（雷达发射能量）

雷达接收的能量 $\propto \dfrac{1}{(4\pi r^2)^2}$（雷达发射能量）

雷达

图 2.1　雷达方程的图解

从式(2.2)可以看出,频率越高,波长越短。这可以直观地解释为,信号的传播速度保持不变(在这种情况下是光速),波长越短,信号在给定时间内通过一个定点的周期就越多。

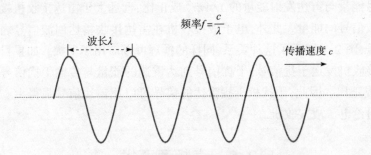

频率 $f = \dfrac{c}{\lambda}$

波长 λ

传播速度 c

图 2.2　电磁波的速度、频率和波长之间的关系

用来探测目标的电磁波信号的波长必须比目标的尺寸小得多。因此,信号的波长不能太长。为了探测到回来的微弱信号,可以增大接收天线增益。作为天线形状设计的一部分,天线的物理尺寸设计必须是长达几个波长的。战场上使用的可移动天线不能太大。例如,如果将雷达目标的直径限制在 1m 左右,那么信号的波长必须是这个尺寸的几分之一,1m 的波长大致对应 300MHz 的频率。因此,一般军用雷达工作频率为 2~18GHz,对应波长为 0.15~0.0167m。虽

然更高的频率可以提高雷达的分辨率,但高频率同时也会带来一些技术问题。首先,当频率低于 20GHz 时,电磁波信号在大气中的衰减(损耗)相当低。超过 20GHz,损耗可能很高。由式(2.1)可知,当信号频率增加时,接收到的信号强度与信号频率的平方成反比。此外,当信号频率增加时,为了保持相同的增益,需要减小天线孔径(天线的接收截面)的尺寸。当信号的频率加倍时,孔径需要减小到原来的 1/4。因此,频率较高的信号波束宽度较窄,这可能导致很难发现目标,这就好比用棒球棒比用长针更容易击中人。在 20 世纪 30 年代,雷达发展面临的一个主要的技术挑战是高频信号的产生。

2.7 极窄脉冲要求

当雷达发射用于探测目标的信号时,信号持续时间(称为脉冲宽度,PW)是有限的。雷达先发射一个信号,然后在发射下一个雷达信号之前尝试捕获回波信号。根据雷达接收回波信号的时间,可以确定该目标的距离。雷达距离测量的分辨率取决于雷达信号的脉冲宽度,即

$$\Delta d = \tau c/2 \tag{2.3}$$

式中:Δd 为距离分辨率;τ 为脉冲宽度;c 为光速。

式(2.3)可以这样理解,当电磁波的速度与光速相同时,脉冲宽度为 τ 的雷达信号将覆盖 τc 的距离。当两物体之间的距离小于 $\tau c/2$ 时,两物体的回波信号将发生重叠。在这种情况下,雷达将很难利用回波信号将它们分开。如果脉冲宽度为 1μs,即百万分之一秒,则距离分辨率约为 150m,这个距离分辨率显然是不够的。此外,雷达也并不总是只用一个脉冲来测量距离,它也可以使用很多脉冲。脉冲之间的间隔取决于雷达的最大测量范围。如果最大距离是 150km,发射的信号则会传播两倍这个距离(300km)回到接收机。发射信号到达雷达工作范围内最远的目标并反射回雷达接收机大约需要 1/1000s。因此,雷达必须等待至少 1ms 才能发射下一个脉冲。这个时间称为脉冲重复间隔(PRI),它的倒数为脉冲重复频率(PRF)。在本例中,PRF 值为 1kHz。如果 PRI 短于 1ms,雷达可能在发出第二个脉冲后收到 150km 外目标反射的信号。结果,接收的脉冲序列可以在示波器上显示,雷达可能会误以为这个目标非常近。PW 和 PRI 之间的比值被称为占空比,它表示雷达发射信号的占空比。对于 PW 为 1μs、PRI 为 1ms 的雷达系统,其占空比为 0.001。

产生 1μs 这样窄脉冲宽度的信号并不是一件容易的事。当然,通过机械开关是不可能的。1937 年,英国工程师阿兰·布鲁姆林(Alan Blumlein)发明了一种产生窄脉冲的电路,这种电路后来被命名为布鲁姆林(Blumlein)传输线[4,5]。

其原理是利用电荷通过传输线的传播来产生窄脉冲。图2.3给出了Blumlein传输线示意图。电路开关初始为开路,整个传输线电压为V_0,负载侧电压为零。负载电阻R_{load}是传输线阻抗的2倍。当开关合上,负电荷由开关向负载R_{load}移动,其中一半电荷反射回开关;另一半向开路端传播,负载电阻的电压变成V_0。当电荷从开口端反射回开关时,负载上的电压降为零。电荷从负载电阻到开路端往返的时间是脉冲宽度。传输线中电流的速度大约是空气中光速的60%。生成1μs脉冲,传输距离约180m。由于这种方法中信号是双程传播,因此传输线长度约为90m。需要说明的是,为了产生周期性短脉冲,该电路的开关频率不需要像PRF那样高,而且相当适中(在之前的例子中只有1kHz)。这种方法巧妙解决了窄脉冲产生的问题,类似的电路至今仍在使用。

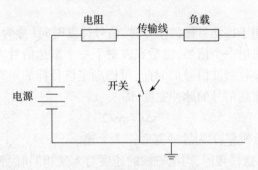

图2.3　Blumlein传输线示意图

2.6节和2.7节描述了雷达的主要要求:产生窄脉冲宽度的高频信号。为了满足这一要求,需要开发特殊的硬件。

2.8　大功率微波源:空腔磁控管[6,7]

如2.5节所述,雷达只接收到发射能量的一小部分。能量等于信号功率乘以脉冲持续时间。由于脉冲非常窄,微波源必须产生非常高的峰值功率,即使峰值功率在兆瓦级,平均功率也不过在千瓦级。谐振腔磁控管是一种特殊的真空管,用于产生高功率窄脉冲雷达信号。20世纪20年代,美国工程师艾尔伯特·华莱士·赫尔提出了用磁场控制电流的概念,并发明了磁控管。如图2.4所示,磁控管的工作原理是让一束电子流通过磁场中谐振腔的开口,通过电子与磁场的相互作用产生电磁波。电磁波的频率取决于空腔的大小。从某种意义上说,磁控管产生不同频率电磁波信号的方式,类似于通过向管乐器的开口吹气来产生某种音符。然而,赫尔的发明并不实用,直到1940年,两位英国工程师约翰·兰德尔和亨利·布特在战争的需求牵引下显著改进了赫尔的设计。第二次世界大战爆发后,英国首相温斯顿·丘吉尔认识到美国的援助对英国赢得战争的重要性,于1940 年 9 月,派一群英国特使到美国,把英国的一些技术机密分享给美国,包括雷达、喷气发动机、引信和原子弹的想法,希望美国能帮助完善这些技术,协助英国作战,该项计划称为"蒂泽德计划"。无法产生高功率的电磁波信号是美国雷达项目的主要问题,直到英国政府与美国分享其空腔磁控管的发明才得以解决。兰德尔和布特设计的磁控振荡器可以产生功率为 10kW、波长为 10cm(即频率 3GHz)的电磁波信号,而当时美国的雷达工作在 1m 或 2m 的波长(即频率 300~150MHz)。如2.6 节所述,波长较短的电磁波信号可以支持更高的分辨率并减小天线的尺寸。从英国学到如何产生高功率、高频电磁波信号是美国雷达项目在第二次世界大战中大获成功的关键。对这部分历史感兴趣的读者可以参考詹妮特·科南特的《塔克西多公园》。磁控管是一项非常重要的发明。直到撰写这本书的时候(2020年),它仍然是最强大的微波产生源。虽然固态微波器件已广泛应用于产生微波,但谐振腔磁控管在产生高功率电磁波信号方面仍具有优势。

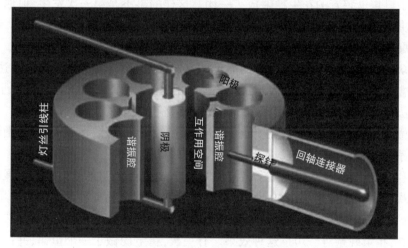

图 2.4　磁控管结构示意图(见彩图)

　　一旦产生高电压窄脉冲,该脉冲可作用于谐振腔磁控管。然后磁控管产生一个高功率的电磁波信号。输出脉冲信号如图 2.5 所示,每个脉冲都很窄,并由射频(RF)进行调制。产生的峰值功率可以高达数兆瓦。这具有非常大的应用价值。一般微波炉的平均微波功率是 700W。即使一台微波炉的平均功率为1000W,脉冲峰值功率也相当于 1000 台微波炉的功率总和。但是,如果考虑脉冲宽度和脉冲重复间隔,那么用雷达的平均功率表示是比较合理的。例如,假设脉冲峰值功率是 1MW,脉冲宽度是 1μs,脉冲重复间隔是 1ms,雷达平均功率只有 1kW,也就是用 1MW 除以 1000,因为雷达每 1ms 只发射 1μs 信号。

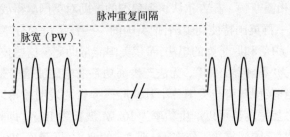

图 2.5 脉冲雷达信号

2.9 题外话:从雷达到微波炉[8,9]

珀西·L. 斯宾塞是美国马萨诸塞州沃尔瑟姆市雷神公司的研究员。他小学没毕业,但通过自学成了无线电技术领域的专家。有一天,他在雷达前工作,他裤子口袋里装着的花生糖融成了一团。这样的事不是第一次发生,但他是第一个决定调查研究的人。因此,他把鸡蛋和玉米粒等食物放在磁控管下。结果鸡蛋爆炸了,溅了他一脸,但他还是能和同事们愉快地分享爆米花。

众所周知,雷达波具有巨大的能量。人们甚至担心,当一只鸟飞近雷达时,它可能会受伤。但是,没有人想到微波可以用于烹饪。即使有人已经想到了,这种方法也是不切实际的,因为微波能量的产生不是细微的,而且成本昂贵。斯宾塞受微波加热的想法启发,在 1946 年发明了微波炉。当然,在那个时候,微波炉非常昂贵,用途也非常有限。

利顿公司在 1960 年承接了微波炉的生产,并花了大量的精力把它发展成一种受欢迎的厨房产品。在 20 世纪 70 年代,微波炉已成为一种常见的厨房用具。微波炉是微波在其空腔中振荡。金属不能放进微波炉,因为金属会被加热至变得通红,崔宝砚亲身经历过这种效果。有一次,崔宝砚做了一个鱼饵,并把它涂成银色。为了快速晾干鱼饵,崔宝砚就用微波炉烘干,他忘记了鱼钩是金属做的,当崔宝砚打开微波炉时,钩子变成红色,微波炉底部也被烧了一个小洞,幸运的是微波炉没有损坏。此外,有些微波炉里有金属支撑。这就必须仔细分析这些炉中的微波分布,以免金属支架被加热。目前,每个现代厨房都有一台微波炉,甚至许多汽车旅馆的房间都配备了一个。从最初的发明到成为普及的商业产品,工程师们花了 30 多年来完善微波炉的设计。

许多发明源于偶然的发现,如青霉素和黑橡胶(在橡胶中加入碳)。一个优秀的研究人员会注意到不寻常的现象,如果运气好的话,有价值的产品可能就会因好奇心而发明出来。

2.10　基本雷达系统

可以认为雷达由四个主要部分组成。微波功率源用于产生脉冲调制电磁波信号。天线用于发射信号,同时也接收回波信号。第三部分是雷达接收机,用于接收来自天线的信号(环形器将接收到的信号发送给接收机而不是发射机),并将电磁波信号转换成视频信号。最后一部分是显示单元。通常用阴极射线管来显示发射和接收的信号。发射和接收信号之间的时间差用来计算目标的距离。雷达基本原理图如图 2.6 所示。

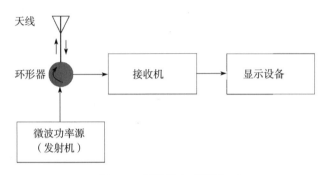

图 2.6　雷达基本原理图

这里强调一下,图 2.6 省略了许多细节。例如,天线不能同时发射和接收信号。发射和接收可能是来回切换的,通过发射/接收开关(TR 开关)实现此功能。

2.11　调频雷达

微波通常在矩形波导中传播。由于微波在空气中传播损耗很小,高功率微波会击穿波导内的空气,这相当于波导短路。为了避免这个问题,可以使用不同种类的气体而不是空气,甚至液体来填充波导。无论采用哪种方法,波导系统都很难维护,因为防止气体或液体从波导中泄露出去又是另一个需要处理的问题。

另一种解决方案是降低传输微波峰值功率,并增加脉冲宽度,以保持总能量不变。使用调频(FM)信号是实现这一目标的一种方法。调频信号的频率可以从低频开始,以高频结束。在接收端,通过一种色散延迟线的器件来处理调频信号。色散延迟线的延迟时间与频率有关。在色散延迟线作用下,低频时延较长,高频时延较短。调频信号通过线路时,信号被压缩成短脉冲,因为低频部分需要更长的时间,高频部分需要更短的时间,所以它们可以同时出来,从而克服了高功率窄脉冲信号产生和发射的困难。起始和结束频率差(称为带宽)和脉冲宽度可以用来计算处理增益。如果脉冲宽度为 $100\mu s$,频率带宽为 $100MHz$,则这两个量的乘积为 $100\times10^{-6}\times100\times10^{6}=10000$,这就是处理增益,这个量称为时间带宽积。由于连续波(频率固定的微波)的带宽为零,因此不存在处理增益。

调频雷达必须用一个宽频带来处理信号,这是一个必须付出的代价。

2.12　搜索雷达

正如在 2.5 节中所述,与发射信号相比,蒙皮反射可能非常弱,因此雷达天线必须具有非常高的增益来增大接收信号的强度。此外,如 2.10 节所述,雷达通过同一天线来发射和接收信号。

如果天线是全向的(或者我们可以说它在每个方向上都有相同的增益),它可以立即检测到所有方向的目标。天线增益通常用分贝(dB)表示,增益计算公式为

$$dB = 10\lg(增益) \tag{2.4}$$

假设天线增益是 1,那么它的增益是 0。当天线为全向时,即使检测到目标,由于反射信号可能来自任何方向,因此也无法确定目标的方向。

为了解决这种模糊性,可以使用定向天线而不是全向天线。图 2.7 展示了有一个主波束(主瓣)和副瓣的定向天线的辐射方向图。天线的主波束是发射/接收信号放大最大的区域。在雷达系统中使用定向天线时,雷达主要寻找主波束内的目标。副瓣仍发射或接收信号,但接收到的信号要弱得多。

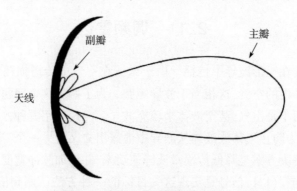

图 2.7　定向天线的辐射方向图

有人可能认为,一个高增益定向天线的雷达系统如果检测到目标,目标的位置很容易确定,因为目标在天线主瓣内。但是,这种设计可能难以用于发现目

标,因为天线增益和主瓣波束宽度相关,增益越高,主瓣越窄。使用非常窄波束的电磁波信号照射到目标的概率当然很小。

　　使用具有中等增益且能覆盖合理角度的天线是一种折中的方法。例如,一种常见的方法是设计一个垂直的扇形波束,其波束在方位向上较窄,在俯仰向上较宽。如图 2.8 所示,图中所示的波束称为扇形波束,为了形成这种类型的波束,天线尺寸在水平方向上变宽,而在垂直方向上变短,该天线工作时沿水平方向旋转。如果探测到目标,则方位角就可获知。俯仰角可以通过一个指向所需方位角的不同天线来得到,而在水平和垂直方向上都很窄的波束称为笔形波束。

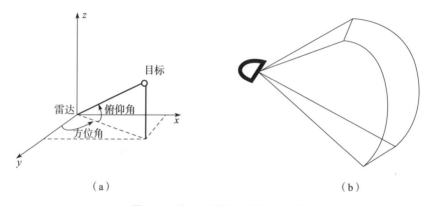

（a）　　　　　　　　　　　　　　　（b）

图 2.8　垂直扇形波束天线示意图

　　返回的信号以极坐标形式显示在阴极射线管显示器上,雷达的位置在极坐标中心。一条扫描线围绕中心旋转,检测到的目标在显示屏上显示为亮点。目标的方位角和距离可以通过其在显示屏上的坐标来确定。图 2.9 给出了这种雷达显示示例。

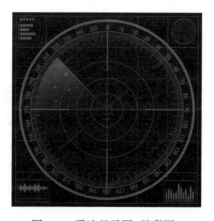

图 2.9　雷达显示图(见彩图)

2.13 圆锥扫描雷达[10]

目标一旦被发现,就需要知道其详细信息,包括目标位置和速度,收集此类信息的雷达称为跟踪雷达。2.12 节中描述的搜索雷达可以提供目标的位置,目标的速度可以由回波信号确定。例如,可以通过将两次特定扫描之间的目标位置变化除以这两次扫描之间的时间间隔来估计目标的速度。可以使用不同的方法来提高测量精度,下面将介绍其中的一些方法,我们首先讨论圆锥扫描雷达。

圆锥扫描雷达用于找到目标的准确方向并保持跟踪,圆锥扫描雷达天线通常是喇叭形的,由矩形波导制成,波导的形状扩展为矩形喇叭,如图 2.10 所示。圆锥扫描雷达的信号波束稍微偏离其天线视轴的中心,并围绕它持续旋转(扫描)。如果目标大致位于圆锥扫描雷达天线的视轴上,则天线发出的信号波束在目标周围形成一个锥形,如图 2.11 所示。如果目标位于圆锥体的中心,则反射信号很强,并且在旋转过程中反射信号具有恒定的幅度,如果在旋转过程中接收到的信号幅度不恒定,则目标不在圆锥体的中心。然后,产生一个误差信号来调整天线的指向,这种方法可以提高测向的准确性。

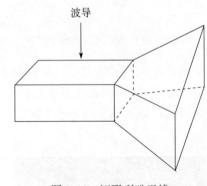

图 2.10 矩形喇叭天线

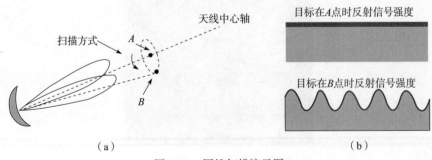

(a)   (b)

图 2.11 圆锥扫描演示图

2.14　单脉冲雷达

这种雷达通常使用四个喇叭天线来发射和接收信号,我们通过一个双天线系统来说明这个想法。在这种特定情况下,两个天线发射两个信号,两个天线指向稍微不同。回波信号相加在一起作为和通道信号,它们的差值也作为差通道信号。如果目标位于这两个波束的中间,则和通道将有最大输出,而差通道应有最小输出,和差通道的输出如图 2.12 所示。和通道提供关于目标方向的粗略信息,差分通道提供精细信息。差通道的输出可用来控制天线的指向。

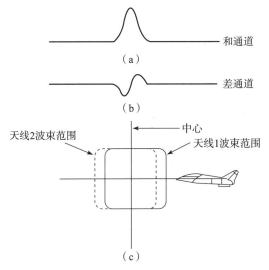

图 2.12　双天线单脉冲雷达

在双天线的系统中,差信道只能用于调整天线的一个方向,如方位角方向。如果使用四个通道,则天线可以在方位和俯仰方向上调整。图 2.13 显示了四个喇叭天线的布置图。通道 A 和 C 可以相加,B 和 D 可以相加,它们的输出 $A+C$ 和 $B+D$ 可看作是在方位向上天线的两个通道。类似地,输出 $A+B$ 和 $C+D$ 可看作是在俯仰方向上天线的两个通道。两个差通道,方位差通道($\Delta_{AZ}=(A+C)-(B+D)$)和俯仰差通道($\Delta_{EL}=(A+B)-(C+D)$),可用于精确定位目标。

对比圆锥扫描和单脉冲雷达,它们的主要区别在于前者使用一个天线来找到旋转过程中的最大回波信号和恒定的信号幅度。后者使用四个天线来找到回波信号最大值,并使用不同的通道来引导天线跟踪目标。由于四个天线都工作在一个脉冲上,这种雷达系统称为单脉冲雷达。单脉冲雷达比圆锥扫描雷达更受欢迎,因为它不易受到干扰,相关的干扰将在第 5 章中讨论。

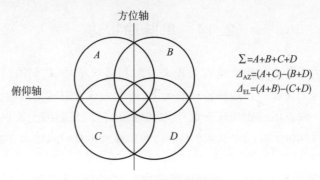

图 2.13　四天线单脉冲雷达

2.15　多普勒雷达

除了目标的位置,还需要测量目标的速度。理论上,目标速度可以通过在一定时间内测量的目标位置差来计算。以这种方式得到的速度估计是粗略的并且不是实时的(因为接收机需要时间来获取两个距离测量值)。另一种测速的方法是通过多普勒效应,多普勒效应在日常生活中很常见。例如,人们有时会听到一辆消防车或警车的警笛声。当卡车或汽车接近时,人们听到更高的音调,而当它远离时,会听到更低的音调。这个例子演示了声波的多普勒效应,同样的原理也适用于电磁波。

警用雷达利用多普勒效应测量汽车速度,军用雷达使用相同原理测量飞机速度。如果飞机正接近雷达,则接收信号的频率高于发射信号的频率。如果飞机远离雷达,接收信号的频率低于发射信号的频率。通过测量发射和接收信号之间的频率差(也称为多普勒频率),可以得到目标的速度为

$$s = \frac{\Delta f c}{2f} \tag{2.5}$$

式中:s 为朝向雷达的目标速度;Δf 为发射和接收信号频率差;c 为光速;f 为发射信号的频率。

式(2.5)中的因子 2 是因为信号传播的距离是目标和雷达之间距离的两倍。如果目标直接朝向或远离雷达行进,则由式(2.5)得到的速度就是目标的速度。如果目标向其他方向行进,则朝向雷达的视线与目标运动方向之间的夹角必须考虑进去。如果目标沿切向运动,测量速度为零,如图 2.14 所示。也就是说,如果有一辆超速行驶的车辆,其侧面正对着警方的雷达,雷达测速器就无法测量车辆的速度。

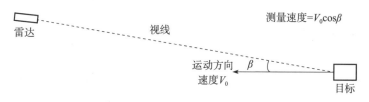

图 2.14　角度对多普勒效应测速的影响

有人可能认为,搜索雷达可以发射射频脉冲序列来测量距离,利用多普勒频率来测量目标的速度。但是,这种方法有一个根本的限制。根据海森堡的测不准原理,人们无法同时精确测量位置和速度(或动量)。如 2.7 节所讨论的,为了测量一个远距离目标,脉冲间隔必须很长(脉冲重复频率很低),以消除距离模糊。这样的设计降低了雷达在频域的测量能力,而多普勒雷达根据多普勒效应引起的频移来确定目标的速度。为了提高频率测量能力,脉冲间隔必须短(脉冲重复频率高)。因此,多普勒雷达具有中高脉冲重复频率。

2.16　连续波雷达

本书中考虑的大多数雷达是脉冲雷达,但连续波(CW)雷达也在某些情况下使用。连续波是指具有固定频率的连续电磁波信号。有人可能把连续波信号想象成正弦波。与在 2.7 节中描述的脉冲雷达不同的是,在发送下一个短脉冲之前,脉冲雷达发送一个短脉冲并等待其回波,而 CW 雷达连续不断地发出一个连续波信号。如 2.15 节所述,如果目标在移动,回波信号的频率将发生变化,CW 雷达可以基于多普勒效应探测目标。CW 雷达的主要优点是容易实现,因为它不需要产生强的短脉冲信号。此外,由于 CW 雷达不需要将所有能量集中在短脉冲中,CW 雷达可以使用比脉冲雷达信号更难被截获的低功率信号。虽然CW 雷达难以探测静止或慢速移动的目标,而且它不能测距,但它非常适合探测快速移动的目标,如喷气战斗机。CW 雷达也在测速枪中得到了应用。

2.17　运动目标指示

大多数时候,雷达指向天空,任何回波信号都被认为是目标反射的。如果雷达正在寻找低海拔目标,而在那个方向上有一座大山,来自大山的反射可能会掩盖真正的目标。这种不需要的回波信号称为杂波。杂波可能比真实目标的回波信号大,因为山比目标大得多。但是,山是静止的,所以反射是在一个固定点。

延迟线可用来延迟接收到的回波信号。延迟信号的幅度和极性可以调整,以抵消静止目标(如山脉)反射回来的信号。

现代雷达使用相干信号,这意味着发射信号的相位可以被控制,接收信号的相位可以被接收机确定。在这种情况下,对于一个固定目标,发射和接收信号相位之间的关系是一个常数,但是对于一个运动目标,这个相位关系是不断变化的。通过比较发射和反射信号之间的相位关系,雷达可以只显示运动目标。在噪声条件下,该方法比幅度抵消法效果更好。

2.18 下视/下射雷达

前面讨论的所有雷达都是面向天空的地基或海基雷达。下视雷达中的一种是机载火控雷达,其目的是俯视地面并发现飞机下方的运动目标。一旦下视雷达识别出运动目标,它就可以对其进行射击(击落),如图 2.15 所示。由于雷达是运动的,即使是一个固定目标,如一座山,也会变成一个运动的目标。2.17 节中所描述的运动目标指示的概念在这里不再适用。相反,下视雷达通过比较运动和静止目标的回波信号的多普勒偏移不同来区分运动目标和静止目标[11]。由于飞机的速度是已知的,静止目标的多普勒频移可以很容易地确定,因此这一信息可以用于区分运动目标和静止目标。

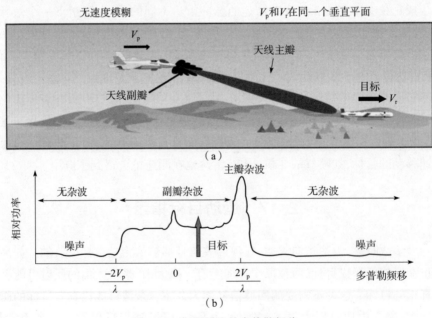

图 2.15 下视雷达的多普勒频移

雷达前方的地面会产生大量反射返回雷达。这导致的结果就是杂波可能会掩盖目标。因为地面包含各种物体,如建筑、山丘和植物,所以杂波是不可预测的。为了提高目标回波信号的信噪比,必须通过信号处理来降低杂波并识别目标,研制这种类型的雷达难度相当大。

2.19　武器制导信号

在战场上,雷达的最终目的是发现对方目标并摧毁它们。一旦雷达发现目标(假设它是一架飞机)并获得关于它的所有信息,如它的位置和速度,就可以向目标发射导弹来摧毁它。导弹必须被导向目标,因为目标可能不会按照可预测的方式移动。特别是,当目标发现导弹飞来时,就会进行机动躲避攻击。因此,导弹必须跟踪目标,导弹和目标将进行一场艰苦的比赛。有许多不同方法可以将导弹引导到目标飞机,将在本书的后面讨论它们。一种方法是使用跟踪雷达,向目标飞机发送制导信号,雷达信号将被反射回来引导导弹,然后导弹跟随反射的制导信号飞向飞机。图 2.16 给出了此设计的示意图,在图 2.16 所示的

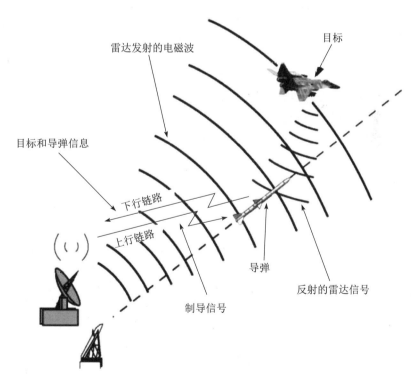

图 2.16　半主动雷达寻的

系统中,导弹探测由外部雷达产生并被目标反射的雷达信号。这种导弹制导方法称为半主动雷达寻的(SARH),有些导弹可能自带雷达收发器来发射制导信号,这种设计被称为主动雷达寻的(ARH)。

2.20 雷达模式

本书中考虑的三种雷达模式是搜索、捕获和跟踪。在搜索阶段,雷达扫描空中寻找潜在目标。一旦目标被探测到,转入捕获阶段,雷达扫描被探测到的目标附近,以确定目标的位置和速度。获得该信息后,雷达转入跟踪模式主动跟踪目标。值得注意的是,现代雷达能够处理多目标;因此,雷达可以同时执行如搜索和跟踪在内的多项任务。

2.21 小结

本章讨论了雷达的工作原理和雷达的基本技术。介绍了不同类型的军用雷达的目的和使用,并论述了它们的使用原则和局限性。不过,所有的讨论都是关于非常基本的使用。雷达性能一定程度上取决于飞机的发展。例如,具有较小雷达截面积的隐身飞机的发展,降低了雷达探测的有效性。然而,隐身飞机并不能吸收所有的雷达信号,尽管在这一领域的研究已经持续多年。雷达和飞机的雷达截面积就像本章开头提到的矛和盾的问题,这是一个没有尽头的问题。

如果雷达的目标(飞机)截获了雷达信号,它将试图击败雷达,飞机采取的行动称为干扰。然后,雷达必须采取行动保护自己免受敌对行动干扰,雷达的反应称为抗干扰。通常,军用雷达信号是保密的。除非必要,军用雷达不会发射信号。即使在和平时期,也有对军用雷达信息的情报收集活动。如果知道对手的军用雷达信号,雷达的效果就会降低。在后续章节中讨论一些真实的作战案例中,这一点会更清楚。

许多电子战书籍把重点集中在击败或保护脉冲雷达的电子战技术设计。近年来,为避免被电子战系统发现而设计的低截获概率(LPI)雷达越来越受欢迎,其中有些是 CW 雷达或具有大占空比的脉冲雷达的一个变形。LPI 雷达将在第9章讨论。

参考文献

[1] Oskar Blumtritt, Hartmut Petzold, and William Aspray (ed.), Tracking the History of Radar,

IEEE-Rutgers Center for the History of Electrical Engineering,1994.

［2］Massimo Guarnieri,"The Early History of Radar," IEEE Industrial Electronics Magazine,vol. 36,no. 4. pp. 36-42. Sep. 2010.

［3］Patrick Hindle,Richard Mumford and Gary Lerude,"The Infamous Pearl Harbor Radar," Microwave Journal,May 12,2017.

［4］Andrea de Angelis,Juergen Kolb,Luigi Zeni,and Karl H Schoenbach,"Kilovolt Blumlein Pulse Generator with Variable Pulse Duration and Polarity," the Review of Scientific Instruments, vol. 79. no. 4,April 2008.

［5］S. J. Voeten,Matching High Voltage Pulsed Power Technologies,Technische Universiteit Eindhoven,2013.

［6］Y. Blanchard,G. Galati,and P. van Genderen,"The Cavity Magnetron:Not Just a British Invention［Historical Corner］," IEEE Antennas and Propagation Magazine, vol. 55, no. 5, pp. 244-254,Oct. 2013.

［7］Samuel Y. Liao,Microwave Devices and Circuits,3rd edition,Prentice-Hall,1990.

［8］J. M. Osepchuk,"A History of Microwave Heating Applications," IEEE Transactions on Microwave Theory and Techniques,vol. 32,no. 9,pp. 1200-1224,Sep. 1984.

［9］Matt Blitz,"The Amazing True Story of How the Microwave Was Invented by Accident," Popular Mechanics,Feb. 24,2016.

［10］J. Litva,Theory of Conical-Scan Radars for Low-Angle Tracking,Defense Technical Information Center,1980.

［11］W. H. Long,D. H. Mooney,andW. A. Skillman,"Pulse Doppler Radar," in Radar Handbook, M. I. Skolnik,ed. McGraw-Hill,1990.

［12］Jennet Conant,Tuxedo Park:A Wall Street Tycoon and the Secret Palace of Science That Changed the Course of World War Ⅱ,Simon & Schuster,2003.

第3章
电子战总体概述

3.1 引言

雷达是一种探测飞机的强有力设备。用肉眼寻找空中飞机的日子已经一去不复返了。在空战中,大多数情况下喷气式战斗机通过机载雷达在相对较远的距离定位对方战斗机,并向其开火。像电影中所拍摄的战斗机之间短距离空中格斗可能会越来越少,因为那些能够远距离发现并锁定敌人的战斗机可能会在敌人看到自己之前就消灭了他们。因此,可以这么说,雷达是飞机的主要威胁。它能发现、跟踪它们,并常常引导导弹摧毁它们。雷达可看作是军事行动的眼睛。本书的主题是电子战,雷达本身并不产生电子战,但可以认为它是电子战的源头,或电子战的第一层。

如图3.1所示,电子战作战可分为四个层面。第一层是第2章讨论的雷达搜索和跟踪。第二层是接收机截获雷达信号并进行分类。在雷达信号被识别之后,作战的第三层——对抗,用来抑制对方雷达。电子战的最后一层是雷达保护自身的反对抗。第一层已经在第2章中介绍过了,本章简要介绍第二至第四层的行动,更多细节将在下面的章节中介绍。人们可能会以不同的方式命名这些行动,并且目前也没有统一的定义。不同的技术术语可能指的是略有不同的类似行动,这些不同的名称或许只有电子战专业人员熟悉。在本书中,四个层面的名称只是作者的习惯叫法。文中使用的其他技术术语都给出了解释。

电子战作战的第二层和第三层都在目标飞机上执行。第二层被一些研究者称为电子支援措施(ESM)。它们也被称为无源电子战,因为这些行动不发射信号。雷达是一种主动设备,它通过发射信号寻找目标,这就使无源电子战成为可能。值得一提的是,确实存在一些自身不发射信号,而是依赖外辐射源信号(如

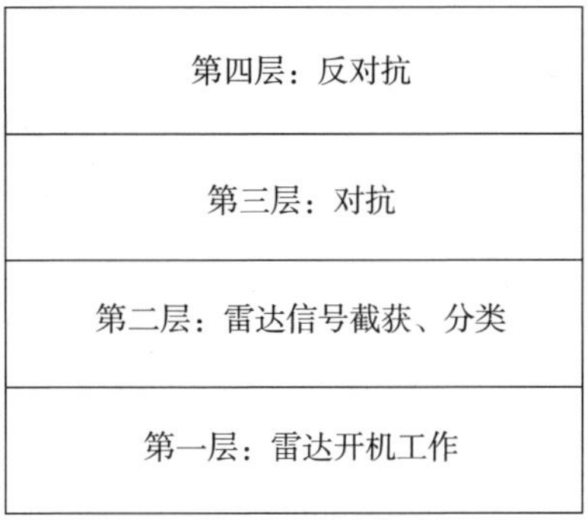

| 第四层：反对抗 |
| 第三层：对抗 |
| 第二层：雷达信号截获、分类 |
| 第一层：雷达开机工作 |

图 3.1　电子战作战的四层结构

电视和无线电信号)来探测目标的无源雷达,但是,据我们所知,这些雷达不能够引导导弹进行攻击,因此本书中对它们只简单地讨论。目标飞机必须确定它是否正被对方雷达照射。如果它确实被对方雷达照射,但愿雷达看不见它。如式(2.1)所示,反射回雷达的信号能量与目标截面积成正比,所以雷达只能探测到截面积足够大的目标。应该强调的是,目标截面积不一定与它的物理尺寸成正比。用于降低目标被雷达发现概率的技术,如用特殊设计的机身形状减少飞机的截面积或使用特殊涂层吸收雷达信号,称为隐身技术。虽然隐身技术是飞机设计的重要组成部分,但它不能归于电子战作战的四个层面之一,因为隐身技术尚未发展到能够检测到雷达信号的存在或干扰雷达的程度。换句话说,除了这里描述的电子战四个层面之外,还有一些相关技术(如隐身技术)值得讨论,我们将在第 8 章中讨论。

电子战作战的第三层是利用干扰雷达措施来保护目标飞机。措施包括发送噪声来掩盖雷达目标(压制干扰)或错误的信号来误导雷达操作者(欺骗干扰)。由于这些措施是需要发射信号的,因此有时这种措施也被称为主动电子战,这种措施也可以称为电子攻击(EA)。一种更激进的方法是物理摧毁雷达。

电子战作战的第四层是雷达为保护自己免受目标飞机正实施的敌对行动所作出的反应,其目的是减轻来自目标飞机的干扰信号的影响。

3.2　第二层行动:在飞机上截获雷达信号

飞机一旦被雷达跟踪但没有意识到的话,它可能处于十分危险的境地。因此,雷达目标飞机上的操作人员必须采用防御技术来保护自己。首先,必须确定自己的飞机是否被雷达照射。因此,需要一个能接收所有不同的雷达信号的接收机,这种接收机称为电子战接收机或截获接收机。

正如在 2.10 节中讨论的,截获接收机和雷达接收机之间的主要区别是,雷达接收机可以识别它正在寻找的雷达信号,而截获接收机可能对雷达信号没有先验知识。雷达接收机只需要接收特定的信号,而截获接收机需要接收战场上所有的雷达信号。更糟糕的是,有些雷达的设计目的就是为了避免被截获接收机检测,这类雷达称为 LPI 雷达。一些 LPI 雷达的工作原理将在 3.8 节和第 9 章中讨论。

由于截获接收机需要覆盖大带宽,从而也接收了来自宽频率范围的噪声/干扰,因此它比雷达接收机的灵敏度低得多。我们知道,灵敏度较高的接收机能检测到较弱的信号。好在截获接收机接收到的信号要比 2.5 节中描述的蒙皮反射强得多,因此灵敏度低于雷达接收机的截获接收机仍然可以实现其设计目标。同样,电子战也是基于 2.5 节中的式(2.1)。

虽然电子战是一个专业领域,但人们在日常生活中确实可以找到类似的产品。交通雷达侦测器就是一种截获接收机或雷达告警接收机,它被一些司机用来躲避超速罚单,其原理是在警察测量车速之前侦测到警用雷达的存在。有人开玩笑说,性能拙劣的交通雷达侦测器只能给司机提供额外的机会去掏钱包,因为当雷达侦测器侦测到雷达时,警察已经获得了车速信息。

3.3　第二层行动:在飞机上进行信号分类和识别

战场上可能有许多不同类型的雷达,有些是盟军的,有些是敌军的。截获接收机的设计目的是接收所有到达飞机的信号,当截获接收机在高空中工作时,它将被多种类型雷达照射。有时,截获接收机每秒可以接收成千上万甚至上百万个信号。然而,只有威胁信号才值得关注。接收到信号后,由电子战处理器进行信号分类。首先将某一雷达的所有信号分组在一起。一旦收集到同一雷达的所有信号,就可以提取这些信号的频率、脉宽和脉冲重复周期等参数;然后在雷达数据库的支持下,这些参数可用来识别雷达的类型。如果雷达是威胁雷达,必须采取相应的行动。如果信号正引导着导弹飞向飞机,那么响应时间以秒为单位。但是,如果雷达不是一个致命的威胁,可能就不需要采取行动。

当然,必须建立一个雷达信号库,并且该库必须包含对方雷达的所有信息。这不是一项容易的工作,信号采集可能非常困难和耗时。这类军事行动被称为电子情报(ELINT)收集。ELINT 收集是指收集不同来源的所有雷达信号、通信信号和电子信号。收集活动可以在陆地、舰船、飞机甚至卫星上进行。大量的数据被收集和处理用以获得有用的信息。这可能类似于金矿开采:从大量的沙子、碎石和岩石中提取少量的黄金,没有对方雷达信息的代价是巨大的。在越南战争期间,每当北越获得一种配备了苏联新雷达的导弹,美军飞机的损失就会达到一个高点[1]。当美军对北越的新雷达有更多了解后,损失才有所减少。

可以想象,雷达的开发需要严格保密,在军事行动中,除非绝对必要,雷达不应该发射信号,特别是在使用一种新雷达时。在某些情况下,在演习或测试期间,雷达天线可能被一个虚拟负载代替,发射的信号被负载吸收。当然,这种做法在为开发新雷达收集实验数据方面有其局限性。不过,这也使潜在敌人收集新武器雷达信息变得更加困难。

3.4　第三层行动:电子对抗

目标飞机一旦在战场上探测到威胁,可以采取一些行动来保护自己。这些对策可能不全是电子措施。例如,如果一枚热跟踪导弹朝飞机发射,飞行员可以弹射热源来分散导弹的注意力。这些热源称为耀斑。如果导弹是无线电制导,飞行员可以投放箔条,箔条是由极薄铝箔切成的窄条带制成。条带的长度各不相同,但一般只有几英寸,相当于威胁雷达信号的波长。箔条将在空气中飘浮一段时间,并将雷达信号反射回雷达。箔条的作用是在雷达显示的真目标周围产生大量的假目标,从而使雷达失去准确的目标位置测量。这两种方法称作是无源干扰,因为它们不发射信号,它们是非常重要的技术,将在第 7 章中讨论。

为了跟踪飞机并最终将其击落,雷达需经过如搜索、捕获、跟踪几个步骤,最后才发射导弹。如果这些步骤中的任何一个被打断,雷达可能无法进行最后的目标射击。最好是在早期阶段对抗雷达,阻止它获取飞机的信息。一旦雷达向目标发射导弹,那就是生死攸关的情况了。

干扰对方雷达的方法有许多。一种常见的方法是通过转发雷达信号回雷达以分散其处理来干扰雷达。基于雷达距离方程式(2.1)中有 $1/r^4$ 项,可知反射信号的强度是相当弱的,因此干扰信号可以比雷达反射信号强得多,还有一个简单的解决方案是发射噪声来掩盖雷达屏幕上的真实信号。然而,由于噪声具有较宽的带宽,因此噪声进入雷达接收机的能量受到接收机带宽的限制。总之,干扰雷达的方法数不胜数,针对不同的雷达需要不同的手段。

所有使用信号干扰雷达的方法都称为电子攻击,因为它们发射电磁波干扰雷达。

3.5　第三层行动:反辐射攻击

被对方雷达跟踪的飞机必须保护自己不被摧毁。如果雷达是陆基的,飞机可能会发射一枚空地导弹来摧毁雷达,导弹可以使用雷达信号制导(信标),这种类型的导弹称为高速反辐射导弹(HARM),因此雷达也很脆弱。如果雷达只关注进攻,即摧毁对方飞机而忽视其自身的保护,它可能很容易地被反辐射导弹消灭。为了保护自己,雷达必须限制其发射信号时间。长时间工作可能会使雷达处于危险之中,因此雷达应该只在必要时才发射信号。

任何军事行动的一般原则都是必须同时考虑进攻和防御。在象棋和围棋等竞技游戏中,每一步棋都要兼顾两者。对于竞争型玩家来说,胜利还是失败通常取决于他们是否能够领先对手一步,雷达和目标飞机的情况也类似。领先一步的一方可能会摧毁另一方,而不是被摧毁,就像美空军军歌中所描绘的那样,"我们要么生活在名声中,要么在火焰中倒下。嘿!"。

3.6　关于第二层和第三层行动的一般性讨论

电子战行动的第二层和第三层包括截获雷达信号、识别信号、电子或导弹攻击雷达等。应该注意的是,所有第二层和第三层中使用的设备都在飞机上,所有这些操作对飞机的生存能力几乎同等重要。这里将讨论这些操作及其关系。

首先,考虑一下雷达信号的截获和分类。在所有截获的雷达信号中,只有威胁雷达是最优先的。一旦威胁信号被识别,有源电子战技术将被应用于干扰雷达,截获接收机对被干扰的威胁信号并不感兴趣。此外,由于一些原因,截获接收机也可能无法接收被干扰的雷达信号。然而,这并不意味着被干扰的威胁雷达信号不再到达截获接收机。电子战处理机只是忽略这些信号,专注于发现新的威胁信号。换句话说,截获接收机仍然应该接收和识别其他雷达信号,以找到额外的威胁雷达。

由于干扰机和截获接收机在同一架飞机上,当干扰机打开时,它将掩盖截获接收机。如果干扰信号是频谱很宽的噪声,那么它可以阻塞截获接收机的很大一部分工作带宽。即使截获接收机具有较宽的工作带宽(这将在第 4 章中讨论),窄带干扰信号仍然有可能阻止接收机的所有操作。一旦雷达信号被干扰,截获接收机就不能再发现它,因为接收机接收这个信号的能力已经被本地干扰机的干扰信号牺牲了。

另外,只要雷达在工作,干扰机就不能停止干扰雷达。如果干扰信号停止,雷达将正常工作,这可能会威胁到飞机。干扰机开机时,截获接收机无法接收到被干扰的雷达信号,也就无法确定雷达是否仍在工作。如果雷达停止发射信号,干扰机仍发射干扰信号,则干扰机浪费了干扰资源。糟糕的是,雷达发射的导弹可以利用来自飞机的干扰信号作为信标信号,这个操作称为干扰制导。正如前面提到的,任何发射信号的设备都可能暴露在危险之中。因此,当雷达停止工作时,干扰机也必须停止干扰。

为了检查威胁雷达是否仍在发射信号,干扰机必须定期停下来,让截获接收机判断雷达的状况。由于雷达的所有信息都是已知的,因此这个操作相当简单,用于此操作的术语称为截获接收机开窗侦测。如果一架飞机没有对雷达实施干扰,它的截获接收机可以完全发挥作用。因为接收机是一个被动装置,它不会暴露飞机。如果干扰机开启,截获接收机可操作的空间将受到影响。

干扰目标雷达的方法多种多样。如果雷达被噪声干扰,雷达操作手会识别出雷达已经被干扰了,因为噪声抹掉了雷达的显示。也有具有欺骗性的干扰,它提供错误的信息给雷达操作手。在这种情况下,雷达操作手可能意识不到它被干扰了,后一种方式有时称为欺骗干扰。

3.7　电子战飞机

前面所有的讨论都假设雷达是用来对付飞机的,而飞机也可以攻击雷达。战斗机的主要任务是攻击敌机或地面目标,它用于对抗对方雷达的装备相当有限,且主要用于自我保护。

由于雷达是飞机的主要威胁,就有了一些专门为了对抗对方雷达而设计的飞机,它们称为电子战飞机。这些飞机上的设备非常精密,从而能更有效地干扰对方雷达。这些飞机可以进入战场并可以向雷达发射导弹,同时能执行本章到目前为止讨论的所有行动。这种做法更为有效是因为当对方雷达直接照射电子战飞机时,电子战飞机可以侦测到雷达信号并通过雷达天线主瓣干扰雷达。电子战飞机在战场上的风险主要来自于自身防御能力薄弱,因而很容易受到对手攻击。

另一种作战方式是让电子战飞机远离战场,并保持在对方导弹射程之外,电子战飞机可以在一个安全区域内以一定的模式飞行。在这种情况下,对方雷达可能探测不到电子战飞机。例如,如果雷达的作用距离是 150km,电子战飞机可以在对方雷达探测范围之外,如在 150~300km 之间的某个地方侦测雷达信号而不被探测到。此外,飞机可能不在雷达天线主瓣方向上。由于天线可能有许多旁瓣,雷达仍然可以从旁瓣发射和接收信号。然而,为了探测雷达旁瓣雷达信号,截获接收机的灵敏度必须很高。同理,要通过雷达天线旁瓣进入雷达接收机,一个强干扰信号是必要的。

3.8　电子战第四层行动:雷达反对抗

军用雷达设计必须考虑目标对象所实施的所有电子对抗(ECM)。雷达必须检测干扰信号,避免提供目标的虚假信息。雷达可以有不同的操作方式,如改变其工作频率,改变脉冲重复周期等。这些方法使截获接收机和电子战处理器识别对方雷达变得复杂,雷达必须尽量减少对目标的照射时间,这对于避免被反辐射导弹打击尤其重要。

虽然更高功率的雷达探测范围更远,但高功率信号也会使雷达在某一方面显得脆弱,因为截获接收机可以更容易地侦测到发射强信号的雷达。减小辐射功率是一种显而易见的避免被侦测的方法,这些类型的LPI雷达使用刚好足够的功率来实现其预期目标。当跟踪近距离目标时,它们会减小发射能量。另一种降低被检测概率的方法是使用较长的低功率脉冲,如调频信号,如2.11节中所解释的。这样,总发射能量保持不变,但峰值功率降低,从而使雷达更难被发现。其他LPI方法包括改变信号频率,减小天线旁瓣,使用噪声类雷达信号等。第9章将介绍一些LPI雷达。

雷达也能发射一枚干扰寻的制导导弹去攻击目标,如果目标干扰雷达,导弹可以追踪干扰信号。因此,干扰信号会给干扰机带来危险。雷达为抵消其目标的对抗而采取的电子战操作称为电子反对抗(ECCM),也称为电子保护(EP)。

3.9　电子战案例研究:黑猫中队

1960年,美国飞行员弗朗西斯·加里·鲍尔斯(Francis Gary Powers)驾驶一架U-2侦察机飞越苏联上空时,在科苏利诺附近被击落,这一事件引发了艾森豪威尔(Eisenhower)总统任期内的一场重大外交危机。鲜为人知的是,1961—1974年,美国向台军提供U-2侦察机,用于执行对中国大陆的监视任务,台军为这项任务组建了黑猫中队。在20世纪60年代早期,中国人民解放军空军(PLAAF)只有很少的"萨姆"地空导弹射程可以达到U-2侦察机飞行高度(约70000英尺),黑猫中队在最初完成了几项任务,并且没有任何损失,黑猫中队甚至飞过北京上空拍照。直到1962年9月,由黑猫中队的陈淮少校驾驶的U-2侦察机才被中国空军的SA-2防空导弹击落。后来,台军的U-2侦察机配备了雷达告警接收机来侦测SA-2防空导弹制导雷达信号(美国最初担心SA-2干扰机落入中国人民解放军手中,没有在台军的U-2侦察机上安装SA-2干扰机,直到1964年,先后在任务中失去了3架U-2侦察机)。中国空军很快注意到,一旦

SA-2 防空导弹的雷达开启超过 10s,台军的 U-2 侦察机就会改变方向。为了应对这种情况,基于中国的开放资源,中国空军使用苏联的 SON-9 型炮瞄雷达间歇地跟踪 U-2 侦察机。U-2 侦察机的截获接收机不是设计来侦测 SON-9 型炮瞄雷达的(高射炮肯定不能在高空击落飞机)。SA-2 防空导弹的雷达被关闭,直到 U-2 侦察机非常接近其射程,SA-2 防空导弹在雷达打开后迅速发射(在 8s 内)。此时,U-2 侦察机已经来不及进行任何机动。中国空军使用这种战术(中国空军称之为近快战法)击落了更多的 U-2 侦察机。在中国空军拥有更多 SA-2 防空导弹系统后,黑猫中队被迫停止了其空中侦察任务,在美国与中国关系正常化后,整个行动被终止了。中国空军先后总共击落 5 架台军的 U-2 侦察机。

从这一系列事件中可以得出一些电子战的教训。如前所述,为了避免被侦测到,雷达应该尽量减少其照射时间,中国空军绝对将这一原则推向了极致。值得一提的是,U-2 侦察机是一种毫无防御能力的侦察机,所以中国空军导弹部队不必担心自己的安全,因此可以等到最后一分钟(或最后一秒)才打开导弹制导雷达,这段电子战历史也证明了电子对抗的重要性。如果没有干扰机,U-2 侦察机一旦被导弹制导雷达锁定,就会陷入绝境。在失去几架 U-2 侦察机后,台军要求安装雷达干扰机,且干扰机在后续任务中得到应用。最后,了解对方的雷达信号十分重要。中国空军使用两套雷达,SON-9 炮瞄雷达和 SA-2 制导雷达来完成击落 U-2 侦察机的任务。台军对中国空军使用 SON-9 炮瞄雷达进行远程跟踪的行动一无所知,显著降低了 U-2 侦察机的响应时间。

3.10　小结

电子战作战的一般原则是限制信号发射。如果获得足够的信息,发射机应该保持静默,因为发射信号会暴露发射机,甚至吸引攻击型武器。特别是对于新型军用雷达,信号必须保密。新型雷达能突袭敌机并造成巨大的破坏。情报收集设备一直在工作。如果新型雷达信号被对手的情报人员捕获,雷达的作用可能会大大降低。

为了在保护自己的同时又能对敌人采取行动,电子战作战的四个层次需要不断改进。电子战领域技术含量高,并在不断发展。因此,对一些研究人员来说,这可能是一个非常有趣的领域。在后续章节中,将详细讨论第二、第三、第四层行动。

参考文献

[1] Mario de Arcangelis, Electronic Warfare: From the Battle of Tsushima to the Falklands and Lebanon Conflicts, Blandford Press, 1985.

[2] Bob Bergin, "The Growth of China's Air Defenses: Responding to Covert Overflights, 1949—1974," Studies in Intelligence vol. 57, no. 2 pp. 19-28, Jun. 2013.

[3] Hsichun Mike Hua, "The Black Cat Squadron," Air Power History, vol. 49, no. 1, pp. 4-19, Spring 2002.

[4] Chris Pocock, The Black Bats: CIA Spy Flights over China from Taiwan 1951—1969, Schiffer Publishing, 2010.

[5] Lockheed U-2, https://military. wikia. org/wiki/Lockheed_U-2.

[6] 角逐超高空——空军一支绝密部队的战史第三集近快战法 directed by Ye Liao, CCTV9 documentary, 2018(https://www. youtube. com/watch? v=-M9TskEpIKw).

第4章
截获接收机及电子战处理机

4.1 引言

在战场上,一架飞机可能会被双方的多种雷达照射。大多数雷达本质上是没有危害的。然而,也存在有威胁的雷达,它们的目标是击落对方飞机。本章描述了如何根据威胁雷达的发射信号将其与其他雷达区分开来,所有雷达每秒产生的脉冲数在数万甚至数百万的量级。在这个复杂的电磁环境中,必须找到威胁雷达。不仅要找到它们,而且要及时找到它们,这可能也就是几秒钟的事。如果识别威胁雷达花费较长的时间,如几分钟,游戏可能就已经结束了。为了实现这一目标,截获接收机和电子战处理机就应运而生了。

4.2 截获接收机要求

截获接收机的频率范围必须覆盖所有雷达频率。不同类型的雷达工作在不同频率。通常,军用雷达工作频率范围为 2~18GHz。整个带宽为 16GHz,下面,我们用一个例子来说明这个带宽有多宽。所有调频电台的频率为 88~108MHz,覆盖 20MHz 或 0.02GHz。所以,16GHz 相当于覆盖 800 个 FM 频段。在这个宽频带内,可能会有来自武器系统雷达的信号,这些雷达可以在几秒钟内引导导弹飞向飞机。截获接收机、电子战处理机和干扰机必须侦测雷达信号,对其进行分类,识别威胁类型,并使用正确的干扰技术对雷达进行干扰,所有这些行动必须在雷达向飞机发射导弹之前完成。

除了需要覆盖较宽的频谱,截获接收机应该具备高灵敏度。高灵敏度的接收机可以接收微弱信号;这样它才可以侦测到较远的雷达。另一个关键性能是动态范围,它决定了接收机同时接收强、弱信号的能力。高动态范围意味着接收机可以同时检测到强信号和弱信号。不幸的是,一个接收机不能同时具有高灵敏度和高动态范围。在接收机设计原则中,增加一个值将减小另一个值,设计师必须对设计进行折中考虑。

在20世纪70年代,沃特金斯·约翰逊公司的一位销售工程师举例描述电子战对抗的要求。他说,在某个城市的某天报纸刊登了一篇有趣的新闻故事,某电台就会播放一个关于它的简短问题,如果听众听到问题并立即打电话给电台并回答问题。如果回答正确,听众将赢得大奖。然而,广播电台和某天的时间并没有公布。为了赢得奖品,听众必须购买许多收音机,并将每个收音机调到某个电台。每台收音机必须由一个人操作,他得从一天开始就持续收听。收音机和操作员的数量必须与全市广播电台的数量相等。显然,这需要付出巨大的努力,需要一些运气。这是对电子战行动的一个很好的比喻,电子战中对应的大奖是拯救操作员和飞机。

截获接收机有一个非常独特的要求,即接收机必须能够接收多个信号,称为同时接收信号的能力。在大多数通信接收机中,一部接收机只需要接收一个信号。然而,在战场上,可能会有许多不同的威胁雷达。截获接收机必须接收到所有雷达信号。这是一个非常难以解决的问题,特别是当一些信号很弱,而另一些信号很强。一些现代截获接收机,需要同时接收的信号多达四个。

有了这个要求,前一段中的电台示例应该修改如下:可以有多个电台同时进行广播。有多少广播电台会播放类似但略有不同的信息尚不清楚,但数量在1~4之间。电视台提出的问题也有所不同,为了赢得大奖,一个人必须接收所有的信号并提供所有的正确答案,这肯定比一个广播电台的情况更具挑战性。

4.3　截获接收机参数测量

截获接收机需要提供什么信息?通常有五个可测量的参数,分别是频率、脉冲宽度、到达时间(TOA)、脉冲幅度和到达角度,前四个参数如图4.1所示,前面三个参数是由雷达本身确定的,后面两个参数是由雷达和接收机的位置确定的。下面简要讨论这些参数。

频率是指用来调制脉冲的雷达信号频率,这个参数很有用,可以识别雷达类型和指导干扰机在哪个频率范围干扰。脉冲宽度是雷达脉冲信号的持续时间,通常以微秒($1\mu s = 10^{-6}s$)计,这个参数可以用来确定雷达类型,为干扰提供有用的信息。通常,火控雷达信号具有窄脉宽,即$1\mu s$或以下。TOA是截获接收机开始接收脉冲的时间,这个时间不是绝对时间,而是与接收机生成的内部时间有关,测量相邻脉冲之间的时间需要这些信息。两个连续脉冲的 TOA 之间的差值是脉冲的重复周期,该参数用于将单个脉冲分组成一个脉冲序列并提供干扰信息。

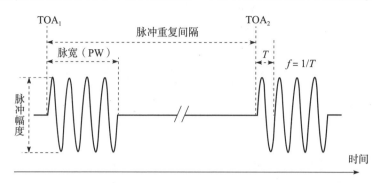

图 4.1　截获接收机测量的参数(未描述到达角度)

脉冲幅度是接收脉冲的强度,如果接收机靠近雷达并且在雷达天线的主瓣内,接收到的信号就会很强。这个参数对于干扰也是有价值的,到达角是雷达相对于接收机的方向。这个参数对于将单个脉冲分类成脉冲序列和进行干扰非常有用,甚至可以被认为是信号分类中最重要的信息,因为现代雷达可以在相邻脉冲间的基础上改变频率、脉冲宽度和到达时间,但到达角只能保持在一个常数附近。即使是机载雷达也不能快速改变到达角,一个截获接收机可以利用多个雷达接收信号的到达角分离不同雷达信号,从不同源分离信号的过程称为信号分类。到达角还提供了干扰机的干扰方向,到达角通常只测量方位角方向。如果还测量了俯仰角,则可以通过俯仰角和飞机的高度来估计地面雷达的距离。方位角和俯仰角如图 4.2 所示。相对于其他几个参数,到达角是最难获得的参数,因为它需要多个天线和接收机来测量。

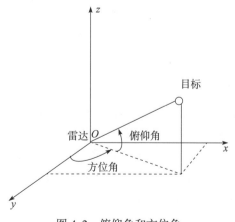

图 4.2　俯仰角和方位角

现代截获接收机的输出是描述字。这些字包含了基于脉冲间的所有测量信息。通常,这个字长 128 位。如果一架飞机在战场上飞得很高,脉冲密度就会随之很高。通常,在设计截获接收机时把能够每秒处理 100 万个脉冲作为一个目标。

4.4 晶体无线电接收机

历史上第一个电子战接收机是晶体视频接收机,晶体视频接收机与晶体管收音机密切相关,本节将会对其进行介绍。

当崔宝砚在中国港口城市青岛读六年级时,他的一位同学教他如何制作一个晶体管收音机,他的同学是从他哥哥那里得到这方面知识的。当时,市场上只有用真空管制造的调幅收音机,崔氏家族也还没有收音机。崔宝砚对这个晶体管收音机课题很着迷,他把所有的课余时间和零用钱都花在了这上面。

一个晶体管收音机有四个主要部件。其中有两个昂贵的部件,分别是一个用于老式模拟收音机的可调谐电容器和一对耳机。这两个部件可以很容易地从跳蚤市场上买到,那里有大量价格合理的二手美国军用电子部件出售。当时,美国海军和海军陆战队驻扎在青岛(1945—1949 年,青岛是美国海军西太平洋舰队的总部,直到新中国成立)。另外,两部件分别是一个线圈和一个晶体管探测器,崔宝砚和他的同学从跳蚤市场买了旧变压器来得到绝缘的铜线。然后,他们将绝缘铜线缠绕在一段竹子上,制成线圈,他们使用的晶体是一块从中草药商店购买的自然铜(自然铜是一种传统的中药)。自然铜是一种大小和形状各异的天然矿物,他们购买的天然铜形状大致是一个立方体,每边长度小于 1cm,颜色是暗棕色。将晶体砸裂开后,会出现一个闪亮的金属表面。崔宝砚从他的朋友那里学到了所有这些技巧。

用晶体管收音机的线圈和可调谐电容器作为收音机调谐器,调谐到某调幅电台的频率,可调谐电容器用于改变接收机频率。晶体用于检测无线电信号的幅度,并将音频信号输出到耳机。现在,二极管经常用于替代晶体。当崔宝砚带着他的第一个收音机到他的朋友家里做测试时,他们可以听到几个电台,音质很好,因为他同学的哥哥安装了一个很好的天线。但是,在崔宝砚家里,晶体收音机只能接收到很少的无线电台的信号,因为崔宝砚家里没有好的天线,有些信号几乎听不到。后来,崔宝砚在美国花了 30 多年的时间研究电子战接收机。当他在 1983 年回到青岛故地时,他的朋友已经搬走了,他再也没能找寻到他当年的朋友,不禁令人唏嘘。

图 4.3 所示为晶体收音机的原理图。注意,在这个设计中,用二极管取代了晶体(在崔宝砚的例子中,用的是自然铜)。

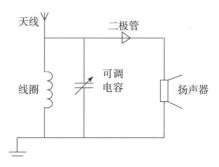

图 4.3　晶体收音机原理图

4.5　电子战晶体视频接收机

现代电子战可以说始于越南战争。北越军队从苏联获得防空装备,其中最著名的是"萨姆"地空导弹 SA-2。用于对抗 SA-2 雷达系统的雷达告警接收机是 AN/ALR-46,如图 4.4 所示,AN/ALR-46 包括了一个晶体视频接收机。可以认为晶体视频接收机是最简单的接收机。图 4.5 给出了一个简单的晶体视频接收机原理图。天线接收到的输入信号通过带通滤波器,滤波后的电磁波信号经晶体检波器后转换为视频信号,放大器再对视频信号进行放大。

图 4.4　AN/ALR-46 系统

电磁波频率可以根据用于发射/接收信号的波导大小划分为不同的波段,每个波段的带宽可以非常宽。传统的波段命名将 2~18GHz 频谱划分为四个波段: S(2~4GHz)、C(4~8GHz)、X(8~12GHz)和 Ku(12~18GHz)波段。可以为每个波段设计一个晶体视频接收机,那么四个接收机就可以覆盖整个雷达信号频谱。

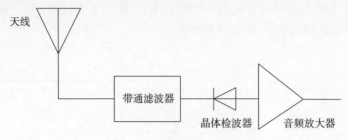

图 4.5　晶体视频接收机框图

如果有四个雷达信号,每个都属于这四个波段中的一个,接收机就能同时探测到四个信号。如果在每个象限有四个接收机覆盖整个雷达频谱,那么就可以通过比较每个象限内的接收机视频输出的幅度来测量到达角,这个设计总共需要 16个接收机。如果同一波段的两个频率不同的雷达信号同时到达接收机,接收机可能会产生错误的数据。接收机只能以非常粗糙的分辨率测量频率,即每个波段的带宽。

　　晶体视频接收机的主要缺点是测量精度不高。它可以测量频率和到达角,但对同时信号的检测具有局限性,其灵敏度和动态范围较低。由于其底层设计问题,这些缺陷很难或不可能改进。它的主要优点是尺寸小、成本低以及促使高概率截获的大工作带宽。由于这些接收机重量轻、体积小,因此它们很容易安装在喷气式战斗机上。在越南战争期间,这些接收机以及干扰机和其他电子战设备安装在美军 F-4 和 F-16 等喷气式战斗机上。由于当时电子战仍处于早期阶段(ALR-46 是在战场上使用的第一个软件控制的雷达告警接收机),战场上雷达种类还很少,因此这些接收机实现了它们的设计目标并保护了飞机。目前,它们基本上已经过时了。

　　在越南战争中,美国喷气式战斗机/轰炸机的主要威胁之一是 SA-2 防空导弹系统,美国用来侦测 SA-2 防空导弹雷达信号的主要雷达告警接收机是ALR-46。这两种系统曾在越南进行过决斗。SA-2 防空导弹发射场向美国战斗机发射 SA-2 防空导弹,美国战斗机也可能向 SA-2 防空导弹雷达发射场发射导弹,互相伤害的双方最终都遭受了不少损失。

4.6　超外差式接收机

　　超外差式接收机是美国工程师埃德温·霍华德·阿姆斯特朗在 1918 年第一次世界大战期间发明的,阿姆斯特朗还发明了调频收音机。超外差式接收机是接收机技术中最重要的发明之一,所有现代接收机几乎都采用这种技术。用于通信的电信号频率相对较高,在早期没有这个频段的放大器。因此,接收机的灵敏度很低,超外差式接收机设计思想是把无线电频率变到比无线电频率低的中频(IF)。图 4.6 描述了一个简单的超外差式接收机框图。将输入射频信号与本振产生的不同频率的信号相乘(混频),可以将射频信号频率移到更低的频段。阿姆斯特朗的贡献是发明了一个混频器电路,使这种变频操作成为可能。混频原理可以很容易地基于以下托勒密恒等式来解释:

$$\sin(2\pi f_1 t)\sin(2\pi f_2 t) = 1/2\left(\cos 2\pi\left((f_1-f_2)t\right) - \cos 2\pi\left((f_1+f_2)t\right)\right) \quad (4.1)$$

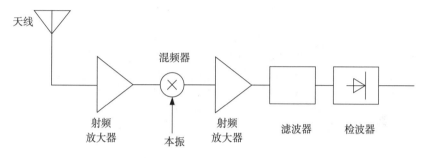

图 4.6　超外差式接收机框图

如式 4.1 所示,设备将频率为 f_1 和 f_2 的两个正弦波相乘,会产生两个正弦波:一个频率较高为 f_1+f_2;另一个频率较低(IF)为 f_1-f_2。具有较高频率的输出项可以被过滤掉,从而不会被中频放大器放大。这种设计的巧妙之处在于,不同带宽的接收机可以采用相同的中频器件,只需要用混频器将不同的无线电频率转换到相同的中频范围。

因为放大器工作在中频范围,该放大器可以通过放大微弱信号来提高接收机的灵敏度。超外差式接收机的频率覆盖范围在几百兆赫范围内。这种窄频率范围覆盖(晶体视频的带宽范围是吉赫)产生了三个问题。虽然超外差式接收机可以通过不断改变本振信号频率来覆盖整个雷达频谱,但它一次只能覆盖相对窄的频谱。因此,超外差式接收机截获雷达信号的概率很低。幸运的是,如果超外差式接收机检测到信号,频率测量是相当准确的。与晶体视频接收机相比,超外差式接收机价格更高,因为其需要额外的器件,如本振等。此外,由于超外差式接收机只有一个通道,它不能接收同时信号。有趣的是,尽管超外差式接收机在技术上有优势,但由于其成本和使用困难,它最初并没有取得商业上的成功。

超外差式接收机已被用于美国雷达告警系统,如 ALR-69 防御航电系统(图 4.7),它结合了晶体视频接收机和超外差式接收机。由于超外差式接收机覆盖的频率范围并不广泛,它不能用来或将需要很长时间来截获所有信号频率未知的的雷达信号。使用超外差式接收机需要雷达信号的先验信息。虽然雷达频率范围从 2~18GHz,但这并不意味着威胁雷达使用了整个带宽。如果威胁雷达的频率可以提前知道,截获接收机只需要搜索预先分配的频率范围。

图 4.7　ALR-69 防御航电系统

4.7　信道化接收机

信道化接收机的概念相当简单。由于高灵敏度的超外差式接收机只能覆盖较窄的带宽,因此需要制造多台超外差式接收机,其中每台超外差式接收机覆盖雷达信号频谱的一小部分(信道),从而覆盖整个雷达信号频带,这种想法听起来很合理。显然,这种接收机可能非常昂贵,体积大,重量重。这种方法解决了大多数截获接收机的问题吗?答案既是肯定的,也是否定的。例如,装备在美国 B-1B 轰炸机的 ALQ-161A 防御航电系统使用了信道化接收机[1]。但是,这个方案不是很成功,主要是由于接收机和电子战处理机的问题,因为这种复杂的方法产生了许多很难解决的技术问题。ALQ-161A 防御航电系统初始合同金额 2.5亿美元(以 1982 年时价值计算),"这是迄今为止签署的最大的电子战合同。"然而,这个项目遇到了许多技术困难。系统交付也被延迟,甚至不得不修改合同,还花费了额外的预算,最终产品也不满足最初承诺的技术要求。对于工程师来说,有一些解决方案看起来很合理,很容易完成。然而,当真正去行动时,可能会出现很多难以应对的问题,解决方案不再合理可行。正如人们常说的,"细节决定成败"。

4.8　截获接收机的一些常见问题

由于截获接收机的特殊要求,在实际应用中有许多潜在的问题。这些问题几乎存在于所有类型的截获接收机中。例如,如果一个截获接收机被设计用来截获一定频率和功率范围内的信号,那么,在这些指定范围内的频率和功率信号应该被正确地检测出来。如果只有一个输入信号,大多数截获接收机会产生正确的结果。但是问题在于,即使只有两个输入信号,也可能发生各种错误。例如,当两个功率不同的信号在不同时间被接收,但它们的脉冲重叠或频率相近时,可能会产生侦测误差。有无数的可能性产生错误的数据,在这里给出两个例子:①错失信号:接收机可能错过一个或两个信号;②产生虚假信号:当接收机输入端没有信号时,接收机可能报告一个信号。人们第一种情况称为漏警,第二种情况称为虚警。

电子战系统的一般原则是,接收机宁可错过一个信号,而不是产生虚警。错过的信号可能在稍后被检测到,但是虚假信息则可能误导电子战处理机。电子战处理机从截获接收机获取数据,并试图从中获得关于雷达的信息。如果数据是无法解释的,电子战处理机将花费宝贵的时间和资源来处理它们。更糟糕的是,有时电子战处理机可能产生基于错误数据的错误雷达信息,并发起对抗而暴露飞机。本章的其余部分将重点讨论电子战处理机。

4.9　人体电子战处理机和"SAM-Song"

当崔宝砚在 1973 年开始在美国空军研究实验室(AFRL)工作时,他的同事中有一位叫克里斯的少尉,是一名电子战军官。崔宝砚工作的研究实验室在其任职期间改了很多次名称,这里使用的名称是一个通用名称,也是它现在的名称。一开始,崔宝砚还未获得他的安全许可。因此,尽管克里斯和崔宝砚成了朋友,克里斯却从不谈论他的工作。克里斯经常给崔宝砚讲他在越南的一些经历,其中大部分是他工作之外的生活故事。

一天,崔宝砚在实验室里发现了一个装有电线的黑盒子。他记得盒子的尺寸大约是 12 英寸×12 英寸×4 英寸,盒子表面上有许多拨动开关。一位老职员告诉崔宝砚把电源线插到墙上的插座上,然后打开一个开关。当崔宝砚这样做时,盒子产生了一个很短的音频脉冲。当崔宝砚打开一个不同的开关时,发出了不同的声音。这位老职员说,这是晶体接收机的输出连接到扬声器时发出的声音。他听到一个音频输出,说这可能是搜索雷达的信号。当听到某种声音时,他说如果电子战军官听到这种声音,他会吓得尿裤子,因为这是跟踪雷达发出的信号,威胁可能迫在眉睫。崔宝砚不知道老职员说的是不是真的。不过,在越南战争中,当SA-2防空导弹制导雷达"方松"从"搜索"阶段转为"锁定"阶段时,美国飞行员可以从耳机中听到特定的声音,这种声音称为"SAM Song"。当听到"SAM Song"时,导弹已经在途中,飞行员需要迅速做出规避动作。崔宝砚当时听到的可能是著名的"SAM Song"。

在崔宝砚获得了安全许可并开始研究电子战接收机之后,有一天他想到了黑盒子,就想向他的电子战军官同事克里斯请教这个盒子的事。但是,由于实验室经常被清理,崔宝砚再也找不到那个盒子了,也许盒子被移到别的地方或者被丢弃了。现在看来,那个盒子很可能是旧的训练设备。在越南战争的电子战初期,威胁是有限的;所以人类可以在处理信号以识别威胁雷达方面发挥一些作用,崔宝砚玩的那个盒子可能是那个时代的古董设备。

4.10 电子战处理机的目标

约瑟夫·卡斯切拉是美国 AFRL 的一位工程师,安静而优秀的他当时正在研究电子战处理机。崔宝砚在 AFRL 工作的第一天就认识了约瑟夫,并成为了亲密的朋友,他们每周去吃一次午饭,直到崔宝砚 2004 年退休(约瑟夫 1998 年退休)。即使在崔宝砚搬到拉斯维加斯之后,他们仍然保持联系,约瑟夫提供了很多关于电子战处理机的信息,这些信息将在下面几节中介绍。

电子战处理机将截获接收机的输出作为输入,并将它们分类。如 4.3 节所述,雷达脉冲密度可以达到每秒 100 万个脉冲。如果每个脉冲产生 128bit 的数据,那么需要处理的信息量将是巨大的。接收到的脉冲可能来自于不同时刻接收到的许多不同类型的雷达,电子战处理机的一个重要要求是在数秒内识别威胁雷达。如果电子战处理机技术性能不能满足这些要求,这将只能算是纸上谈兵。

4.11 信号分类

单脉冲信息很难识别雷达的类型。它需要来自同一雷达的许多脉冲来确定雷达类型。首先,电子战处理机必须将某一特定雷达发出的所有脉冲按时间顺序排列。这个过程被称为去交错。为了实现这一目标,处理机可以比较脉冲频率、脉冲宽度和脉冲重复间隔,这些可以看作雷达的固有特性。该方法假设由雷达产生的雷达信号频率和脉冲宽度保持不变,脉冲之间的间隔固定。因此,以恒定速率接收到的相同频率和脉冲宽度的雷达脉冲被确定为来自于同一个雷达。然而,并不是所有的雷达都遵守这一原则。一些雷达可以在脉冲之间改变脉冲信号频率,这种被称为跳频或频率捷变雷达。脉冲宽度也可以变化,这些做法被认为是电子对抗(ECCM)。尽管这些雷达可以被截获接收机侦测到,但对它们很难进行分类。对于这些雷达来说,到达角数据是最可靠的信息。到达角不是雷达的固有特性,因此,雷达无法控制它。

关于雷达脉冲的所有信息,如频率、脉冲宽度或到达角,都需要归类到一组数据中。由脉冲序列的到达时间差可以得到脉冲重复间隔。脉冲重复间隔(PRI)和脉冲重复频率(PRF)都在这本书中使用。它们指的是相同的雷达特性,且 PRI = 1/PRF。当雷达只有一个 PRI 时,测量值应该只有一个。如果雷达脉冲重复时间是交错的,该雷达有几个 PRI。测量值应该这样显示。还有雷达具有灵活的 PRI,即脉冲序列之间的时间是一个随机数。从这些测量值、频率、脉冲宽度和 PRI/PRF,雷达可以被识别。图 4.8 给出了三个 PRI 固定但不等的脉冲序列的复合信号,以说明信号分类的难度。只有几个具有固定 PRI 的雷达信号就能产生这样令人困惑的结果,具有不同 PRI 多种类型雷达的结果将是非常混乱的。如果信号去交错不正确,电子战处理机将无法提取正确的雷达特征进行识别。如前所述,错误的雷达识别可能导致无效的对抗,并可能危及飞行员的生存。

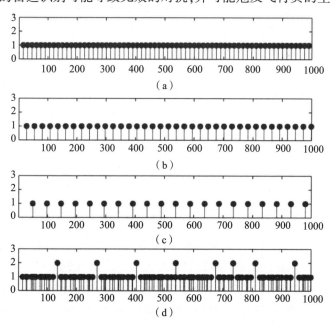

图 4.8　三部雷达产生的三个脉冲序列的合成信号

(a)~(b)三部雷达的单独脉冲序列;(d)复合脉冲序列(时间单位是任意)。

4.12　雷达脉冲模式识别

崔宝砚刚刚加入 AFRL 时,一位老前辈告诉他,有经验的电子战军官可以通过观察脉冲形状来确定它们属于何种脉冲序列。那时,截获接收机不能显示射频信号,唯一可以显示的信号是视频信号,也就是所谓的脉冲形状。他声称,每个磁控管都有一个特殊的脉冲形状,甚至声称从脉冲形状可以判断出磁控管的使用年数,因为老化的磁控管会产生一些特殊的脉冲前沿和后沿。如果这是真的,模式识别将是识别雷达的一项重要技术。雷达脉冲模式识别一直是电子战研究的热点,称为脉冲指纹。目前,人们把类似的想法称为射频指纹。

今天,脉冲是将射频信号数字化采集得到的。所有的细节信息都被保留下来。此外,模式识别技术在过去几年中得到了惊人的快速发展。智能手机可以很容易地识别一个人的指纹,目前在中国,即使是街上的小贩也可以通过人脸识别收付款,更不用说中国基于人脸识别建立的无处不在的安全系统了。在我们看来,人脸比射频脉冲要复杂得多。如果射频脉冲能被磁控管、天线等射频器件的固有特性所识别,电子战将发生革命性的变化。雷达可以改变脉冲的频率和PRI,这使得信号分类的任务比以往任何时候都更加复杂。不过,雷达将使用相同的射频器件来产生和发射信号,这种射频特征可用于分类雷达脉冲。因此,只要在运行过程中射频器件的固有特性不发生变化,跳频和改变 PRI 不会影响分选结果。

这种射频指纹识别技术的可行性也将影响电子战接收机的设计。未来截获接收机用于识别雷达的信号参数可能与现在使用的完全不同,这一变化甚至会影响反对抗。由于干扰信号和雷达回波信号具有不同的射频特征,雷达操作员可以很容易地区分它们。

4.13　查找识别雷达类型表

一旦雷达发出的脉冲序列被识别,数据将与现有的雷达文件进行比较。雷达文件包括雷达类型、频率、脉冲宽度、PRI 等,还应包括在战斗中可能遇到的所有雷达。关于新威胁雷达的不准确信息可能会带来潜在的灾难。如果掌握了关于在战场上可能发现的雷达类型的有用情报,文件中的雷达数量可以减少。换句话说,如果可以提前知道战场中所有可能的雷达,只有这些雷达需要在文件中。文件中更少的雷达数量,可以减少搜索时间。

虽然像谷歌这样的商业搜索引擎有大量的数据,搜索时间也非常快,电子战处理机必须有它自己特殊的搜索方法用缺失数据和可能有错误的雷达脉冲序列来确定最可能的雷达(不要忘记,这些脉冲可能不是这本书上介绍的雷达发射的)。在电子战处理机发展的早期阶段,搜索算法是研究人员关注的一个领域。

4.14　电子战处理机中的跟踪器

电子战处理机应该把大部分精力花在处理新信号上,如果一个脉冲序列被识别为来自威胁雷达,雷达应该立即被干扰。如果雷达不是威胁雷达,可以忽略该雷达。来自这些非威胁雷达的信号仍然会被接收机截获,但它们将被电子战处理机忽略。它们的频率、脉冲宽度和到达角数据都存储在内存中。如果新的截获信号属于这些类别,它们将被忽略,以便处理机可以集中精力处理潜在危险的新信号。

专用于执行这些功能的处理器称为跟踪器。一旦数据在跟踪器中,这些数据将不会发送到电子战处理机。因此,电子战处理机只处理来自截获接收机新接收到的未见过的雷达数据,电子战处理机通常有多个跟踪器。

4.15　重新查看被干扰的信号

如果飞机干扰某一信号,截获接收机不能接收到相同的信号,因为干扰信号非常强,从而阻碍该雷达信号被接收。如果截获接收机是信道化接收机,理论上可以截获频率远离干扰频率的信号。在现实中,窄脉冲的强干扰信号仍然可能阻塞接收机。如果威胁雷达停止发射,但干扰机仍然对其工作,干扰机就会浪费有用的干扰能量。糟糕的是,发射任何射频信号都有可能是危险的,因为敌人的导弹可以跟踪干扰信号来引导,也就是干扰制导。

为了避免这种情况,截获接收机必须重新访问被干扰的雷达信号。如果雷达信号消失,干扰机应停止干扰。如果信号仍然存在,干扰机就应继续工作。为了让接收机重新接收信号,干扰机必须暂时停止工作,这个操作称为开窗。因为威胁雷达应该一直被干扰,所以搜索时间必须非常短。由于重访信号的频率是已知的,所以接收机可以直接调到所需的频率。因此,检测到被重访信号的概率应该很高,并且开窗时间很短就足够了。人们不应该将检测到已知信号(在这种情况下是重访信号)的高概率与截获新信号的高概率混淆,另外重访时间由电子战处理机决定。

4.16　脉冲到达时间预测

一种有效的干扰方法称为脉冲覆盖,这种方法是发送一个干扰脉冲信号来匹配雷达返回脉冲中的一个,使两者在时间上有重叠。由于干扰脉冲比回波信号强,雷达操作员可能不能识别接收到的信号为干扰信号。为了掩盖雷达回波信号,必须知道雷达脉冲的 TOA。这个时间只能由处理机预测而不是测量得到,干扰机在预测的脉冲到达时间发出干扰信号。一旦信号被接收机截获,就来不及发出干扰信号了。

脉冲的 TOA 是由截获接收机的内部时钟测量的,如果雷达具有固定的脉冲重复间隔,下一个 TOA 相对容易计算。如果脉冲是交错的,必须计算出所有脉冲重复间隔,以便预测下一个脉冲的 TOA。如果雷达具有随机脉冲重复间隔,则更难预测脉冲到达时间。

一旦干扰脉冲覆盖了真正的回波,许多干扰技术就可以应用。一种简单的方法是慢慢改变干扰脉冲的返回时间,将干扰脉冲与真实返回的雷达脉冲分离。由于雷达跟踪干扰脉冲,这种方法将给雷达提供错误的距离数据。更多的干扰技术将在第 5 章讨论。

4.17　计算雷达晶体频率

在所有现代雷达中,都有一个用于产生时间参考的晶体振荡器,雷达的信号频率、脉冲宽度和脉冲重复频率都参考相同的晶体频率。民用雷达通常具有稳定的频率、恒定的 PRF 和固定的脉冲宽度。一些军用雷达可以在脉间改变三个参数中的一个或多个,从而使截获接收机难以截获信号,并使电子战处理机难以对雷达脉冲进行分类,如频率捷变雷达、交错脉冲重复频率雷达和随机脉冲重复间隔雷达。然而,这些参数的变化都不是完全随机的,这些变化均基于雷达的晶体频率。所有的脉冲宽度和脉冲重复间隔应该是晶体周期(周期=1/频率)的倍数。因此,从随机脉冲重复间隔出发,根据测量到的到达时间的不同,开发计算机程序来得到雷达晶体频率。尽管脉冲重复频率的随机性和交错性使得电子战处理机的任务更具挑战性,但同时也为电子战处理机提供了额外的信息,处理机可以利用这些额外的信息来确定雷达的晶体频率。由于不同类型的雷达使用不同频率的晶体,因此晶体频率可以为雷达脉冲分类提供补充信息,帮助识别雷达类型。这是一个非常有趣的情况,雷达可以采用一些技术来降低被侦测概率,同时这些技巧可能为电子战处理机提供新的信息来识别雷达。

为了获得雷达晶体频率,截获接收机必须具有良好的 TOA 分辨率。传统截获接收机的时间分辨率约为 50～100ns。为了估计雷达晶体频率,截获接收机的时间分辨率应提高到 1～10ns。

4.18　电子战处理机性能评估

评估截获接收机是相对容易的,通常的方法有单信号和双信号测试。其步骤是:首先使用一个或两个信号源来产生测试信号,并改变信号频率、脉冲宽度和脉冲幅度;然后在每个测试场景中读取接收机的输出,并将结果与输入进行比较。这种方法可以提供关于接收机的性能指标,如频率误差,幅度误差,脉冲宽度误差,截获概率(通过计算丢失的脉冲),虚警率(通过计算额外的脉冲,即不存在的脉冲)等。

电子战处理机的评估是一项复杂得多的任务,由于输入是雷达信号,必须使用一个截获接收机向电子战处理机提供描述字。换句话说,电子战处理机不能单独测试,而是与截获接收机结合测试。因此,如果截获接收机性能差,测试结果也会很差。因此,截获接收机必须具有良好的性能,在此条件下才能进行合理的电子战处理机测试。

电子战处理机是为一个复杂的战场环境设计的,因此使用一些信号源将不会产生任何有意义的结果。电子战处理机可以用模拟器来测试,模拟器可以产生一定的战场信号环境。雷达模拟信号首先被截获接收机截获;然后将接收机输出送给测试中的电子战处理机。在测试中,处理机报告侦测到的雷达类型和执行侦测所用的时间。

一个稍微不同的评估截获接收机和电子战处理机的方法是将测试分为两部分。第一步是记录截获接收机的输出并存储结果。由于截获接收机的输出是描述字,因此可以记录它们。这些数据可以用通用计算机离线分析,以评估截获接收机的性能。第二步是将这些数据送入电子战处理机,并对结果进行近乎实时的评估。该方法可以分别对两种设备进行评估,并预测其整体性能。如果整个系统的性能不令人满意,那么这种类型的测试可以单独考虑需要解决的问题。

4.19　小结

本章讨论了截获接收机和电子战处理机。大多数商业接收机与截获接收机的主要区别在于截获接收机必须同时接收多个信号,而且可能事先不知道被截获信号的特征。本章介绍了几种截获接收机,还讨论了截获接收机的输出,这些输出数据可以输入通用计算机,以评估截获接收机的性能。

如果截获接收机是从复杂的战场电磁环境中获得输出,那么截获信号的频率、脉宽、到达角等参数可以发送到电子战处理机,处理机需要将它们分类成脉冲序列并与不同雷达的参数库进行比较以识别威胁雷达。雷达库是通过电子情报收集活动采集的,它需要大量的时间以及来自飞机、情报收集船等众多不同的收集活动来填充数据库。

由于模式识别技术的进步,可以通过检测雷达脉冲的射频特征来对雷达脉冲信号进行分类。这种方法一旦成功,整个电子战领域将会发生革命性的变化:一是需要研发新的电子战处理机;二是对截获接收机的要求也将发生变化。由此,新型电子战接收机可能会出现。此外,模式识别还可用于雷达的反对抗,以提高雷达的抗干扰性能。电子战系统和雷达之间的决斗可能永远不会结束,任何可用的新技术都可能被双方用来提高生存机会。

参考文献

[1] Alfred Price, War in the Fourth Dimension, p. 74 and p. 175, Greenhill Books, 2001.

[2] Alfred Price, History of US Electronic Warfare, vol. 3, The Association of Old Crows, 1984.

[3] Edgar O'Ballance, "The impact of European Armies of the United States Vietnam Experience," in the Proc. of the 1982 International Military History Symposium: The Impact of Unsuccessful Military Campaigns on Military Institutions, 1860—1980.

[4] Mario de Arcangelis, Electronic Warfare: From the Battle of Tsushima to the Falklands and Lebanon Conflicts, Blandford Press, 1985.

[5] James Tsui, Digital Techniques for Wideband Receivers, 2nd edition, SciTech Publishing, 2004.

第 5 章
干扰与抗干扰

5.1　引言

　　一旦侦测到威胁雷达发出的信号,为了保护飞机,必须立即对威胁雷达采取行动。响应时间应以秒为数量级。对抗雷达的必要行动通常称为干扰。干扰是一个总称,针对不同类型的雷达可采用不同的干扰技术。

　　通常,截获接收机用于接收来自所有不同类型雷达的雷达信号,以供电子战处理机识别。当电子战处理机识别出雷达类型后,将该信息发送给技术发生器,技术发生器将产生相应的干扰信号,干扰信号经放大后发送到威胁雷达。有些雷达很容易被干扰,而有些则很难被干扰。在某些情况下,一个干扰源可能不能单独完成干扰目标。它可能需要几个干扰机一起工作,这些干扰机可能在不同的位置。这一事实表明了进行有效干扰的困难。

　　由于干扰是发出一个信号或者噪声给雷达,相对于被动电子战用于截获信号,这种做法也称为主动电子战,这种做法的另一个常见术语是电子攻击(EA),用于主动电子战的飞机也称为电子攻击机。不熟悉电子战的人可能会把电子攻击和电影中一些虚构的武器联系起来,但这并不是电子攻击的含义。也许,EA这个短语的发明是因为军方对"攻击"这个词的偏爱。

　　干扰的主要目的是保护飞机,也就是说飞机也是武器雷达首要的攻击目标。武器雷达必须首先锁定目标飞机以获得必要的信息;然后对其发射导弹。当目标飞机被武器雷达锁定时,攻击可能迫在眉睫。干扰的目的是打破锁定,当雷达中断锁定,它无法再提供关于飞机的信息,从而不能再攻击飞机。武器雷达必须尝试再次锁定目标飞机,这个操作是耗时的,而且雷达可能无法重新锁定目标。

抗干扰行动称为电子反对抗(ECCM),ECCM本可以用单独一章讨论。然而,就像许多干扰方案是针对特定雷达而设计的一样,许多ECCM是为了对抗特定的干扰方法而开发的。本书中,对所列的干扰技术描述了他们的优点和缺点。我们认为,在讨论某些干扰技术的缺点时,介绍相应的ECCM技术可能更容易理解一些,而不是为ECCM单独设一章节。否则,如果在单独章节中讨论ECCM,必须重新提到这些干扰技术以唤起读者的记忆。因此,本章也将同时讨论ECCM。

电子战系统相较于雷达拥有一个重要优势,即干扰信号传播的距离仅是雷达回波信号传播距离的一半。为了成功干扰或欺骗雷达,当两者都到达雷达时,需要有比回波信号更强的干扰信号。因此,尽管传播距离较短,但干扰信号仍需要适当放大,我们生活在一个几乎所有电子设备都使用固态器件的世界里。然而,尽管固态微波源在实验室中得到了广泛的应用,但它们通常提供不了雷达所需的功率。因此,在许多情况下,仍然需要用磁控管来产生雷达信号。干扰也属于类似的情况,虽然固态微波放大器已被广泛应用,但它们通常无法为干扰机产生足够的功率。为了提供高微波功率,至今仍在使用20世纪40年代发明的行波管放大器(TWT)。因此,5.2节将简要介绍行波管放大器。

5.2　行波管

行波管(TWT)是[1,2]一种用于放大电磁波信号的特殊真空管。1931年,安德烈·哈耶夫发明了第一个行波管的相关设备,但鲁道夫·康夫纳在1942年发明了行波管。行波管是一项非常成熟的技术,其基本电路自20世纪40年代以来变化不大。虽然固态器件在几乎所有应用中已取代真空管,但行波管由于其工作带宽宽、效率高、放大增益大(典型值为60dB,即1000000)、占用空间小,仍然普遍用于卫星通信、雷达和电子战等应用。

图5.1所示为行波管示意图。行波管由三部分组成:即电子束、慢波结构和磁场。电子由加热的阴极发射,并在阴极和阳极间施加的电压下向真空管远端方向加速。电子束所在的电子管外面有一个磁场。磁场的目的是将电子聚焦成电子束,并使电子束保持在电子管的中心。电子束外是微波慢波结构,慢波结构有两种:螺旋型和空腔型。图5.1所示的行波管是螺旋行波管,将进入慢波结构的电磁波信号减慢,使其沿电子束传播方向的速度与电子束速度相当。结果,电子束与减慢的微波相互作用,通过这种相互作用,电子束的能量转化为电磁波信号,从而电磁波被放大。

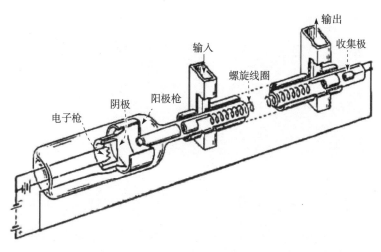

图 5.1　螺旋行波管

研制行波管看起来是一个相当困难的技术挑战,然而,它的应用仅限于少数特定领域。如果固态微波器件有了突破,行波管可能会步其他类型真空管的后尘,成为历史的一部分。尽管如此,军方目前仍需要这些管子。但是,在行波管领域培养新的技术人员或工程师是很困难的,学习这种专业且成熟领域内的所有技巧将花费一个人很长的时间。因此,崔宝砚有时会听到他在空军的同事们之间的对话。他们开玩笑说,应该设立一个特别的项目,吸引人们学习如何制造行波管,并为他们提供一份终身工作,即使有一天不再需要行波管也可以没有后顾之忧,这种谈话显示了行波管对军队的重要性。

5.3　噪声干扰

噪声干扰在日常生活中很常见,大多数时候,噪声不是有意产生的。例如,当有人电话交谈时,如果线路上有明显的噪声,人们通常会挂断并重拨,或者甚至让另一边的人挂断再打回来。希望通过这种操作,噪声会消失,通信中背景噪声是最难对付的问题之一。在各种情况下,噪声被用来阻止听众获取信息。

使用噪声干扰雷达,干扰机需要产生一个频谱能覆盖雷达工作频率的噪声信号,并将其发送给雷达。如果雷达接收机接收到的噪声的功率足够强,噪声会导致雷达屏幕模糊,雷达回波信号将会淹没在噪声下。如果一切顺利,该操作将使雷达失去对目标的锁定。图 5.2 显示了被噪声干扰掩盖的雷达屏幕。

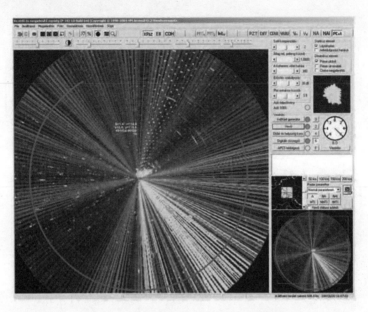

图 5.2 干扰噪声屏蔽雷达屏幕(见彩图)

5.4 干扰噪声和烧穿技术的优缺点

噪声干扰的优点在于它的简单,它不需要雷达信号的详细信息。为了使噪声干扰有效,干扰机需要保证雷达接收到的干扰噪声能量比雷达回波信号更大。因此,干扰机应该尽可能地把干扰能量集中在雷达工作频率附近的较窄频谱上,因为雷达接收机工作带宽外的噪声将被滤除,从而起不到干扰作用。如果雷达工作频率是已知的,干扰机可以产生一个相同频率范围内的噪声信号,并将其发送给雷达。除雷达工作频率外,不需要雷达信号的其他信息。

根据定义,噪声是覆盖宽频带的宽带信号[①]。为了限制噪声频谱,可以使用以特定频率为中心的带通滤波器滤除噪声源产生的所需带宽之外的部分噪声,从而产生带限噪声。或者,低频噪声可以调制成无线电波,调制的噪声将以无线电波频率为中心,噪声带宽等于原始噪声带宽。带限噪声通常称为有色噪声,这个术语来自于光谱。当所有频率(或波长,频率的倒数)的光出现时,光的颜色

---

① 噪声频谱是一个高级工程问题。在大多数本科工程课程中,噪声的频谱/带宽直到大四才会涉及。粗略地说,噪声的频谱取决于用当前噪声值来估计过去或者未来的噪声值时的可估计程度,如果当前的噪声值不包含过去或未来噪声的任何信息,那么这个噪声就是频谱无限的白噪声。当然,本节中关于噪声的描述在理论上并不严谨,但是关于有色噪声实现的描述在技术上是合理的。

是白色。如果只有一个特定频段的光呈现,光就有特定的颜色。白噪声是指噪声频谱从 0 到无穷远,2005 年曾被用作一部恐怖电影的名称。为了干扰雷达,干扰机产生有色噪声,经放大后将其发送给雷达以干扰雷达。噪声干扰不仅思想简单,而且实操容易。目前,有几种类型的噪声干扰,下面介绍其中一些。

(1) **阻塞干扰**。阻塞干扰是利用宽带噪声来干扰雷达。由于宽带噪声的使用,阻塞干扰能够同时干扰多部雷达,其中每一部雷达可能有不同的工作频率,干扰机不必知道被干扰雷达的确切工作频率。阻塞干扰的主要缺点是,阻塞干扰覆盖较宽的频谱,只有一部分噪声被雷达接收。因此,为了压制雷达回波信号,干扰机需要发出非常强的干扰噪声。

(2) **定频干扰**。与阻塞干扰不同,定频干扰将所有的噪声能量集中在一个较窄频谱中。这种方法需要知道雷达工作频率。如果知道这个信息,那么干扰信号很容易压制雷达回波信号,因为干扰信号的能量与 $1/R^2$ 成正比,雷达回波信号的能量与 $1/R^4$ 成正比,其中 R 是目标与雷达之间的距离。由于定频干扰将其全部能量集中在一个较窄带宽内,因此干扰多部雷达就需要多台干扰机。如果雷达工作频率是未知的,定频干扰机成功干扰雷达的机会将是很小的。

(3) **扫频干扰**。阻塞干扰覆盖的带宽较宽,因此干扰雷达的概率较高,但大部分干扰功率会被浪费掉。因此,除非干扰机功率非常高,否则阻塞干扰可能无效。另外,如果干扰噪声的频谱与雷达的工作带宽相匹配,则定频干扰可以有最佳的功率效率。不过,对于频率未知的雷达,成功干扰的概率很小。扫频干扰试图通过发送频率逐次扫过一个较宽频谱的窄带干扰噪声来解决这一问题。因此,许多雷达虽然不会一直被干扰,但在某些时刻很有可能被干扰,扫频干扰机寄希望于造成的频繁干扰足以使雷达失去目标。

处理简单的同时通常也会带来局限性,噪声干扰的一个缺点是雷达操作员知道雷达被干扰了。仅仅从显示器上,雷达操作员就可以看出雷达受到了噪声源的干扰,这一信息对于操作员做出正确的决策非常重要。利用噪声实施干扰雷达不如干扰通信系统有效,这是因为通信信号是不重复的,根据一个回波信号获得有用的信息是困难的,甚至是不可能的。但是,许多脉冲雷达则持续发出相同的信号,从而雷达回波信号也是重复的,雷达屏幕上的显示是许多回波信号的积累。

雷达回波信号是相干的(信号的相位是确定的),但噪声是非相干的。如果我们使相干信号积累,总信号强度就会增加。当然,如果使噪声积累,混合噪声幅度也会增加。然而,信号和噪声的增长率是不同的。为了解释这一现象,考虑将对齐的正弦波相加。在这种情况下,波峰与波峰相加,波谷与波谷相加。因此,我们将得到一个振幅更大的正弦波。现在,考虑把许多噪声加在一起。由于噪声是非相干的,噪声之间没有固定的相位关系,因此不会总是把波峰与波峰相加,波谷与波谷相加。在这一过程中,总信号强度的增长快于总噪声强度的增长。因此,如果雷达操作员不断使回波信号积累,回波信号可能会再次出现在雷达屏幕上,这种操作有时被称为烧穿。图 5.3 演示了烧穿过程,从图 5.3(a)可以看出,正弦波被噪声严重损坏,从含噪声的信号中很难看到正弦波。然而,将五个含噪声的信号加在一起后,将会显示出一个非常明显的正弦波,如图 5.3(b)所示。

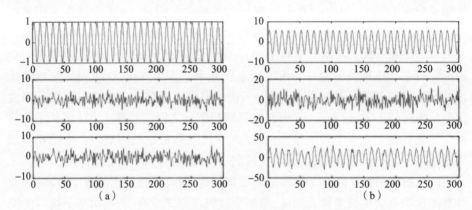

图 5.3　烧穿演示
(a)上为 1 个信号,中为 1 个噪声,下为上图和中图之和;
(b)上为 5 个信号之和,中为 5 个噪声之和,下为上图和中图之和。

应该提到的是,许多电子战专业人士认为烧穿是指从目标反射的雷达回波信号能量大于雷达接收到的干扰信号能量时的距离。由于雷达信号通常具有高于干扰信号的能量,虽然雷达回波信号能量与 $1/R^4$ 成正比,接收到的干扰信号能量与 $1/R^2$ 成正比,但如果 R 足够小,雷达回波信号能量将大于干扰信号能量。在烧穿距离内,噪声干扰将不再有效。

5.5　欺骗干扰和覆盖脉冲干扰

欺骗干扰(也称为电子欺骗)的目的是用错误信息欺骗雷达,并寄希望于雷达操作员察觉不到雷达被干扰,根据错误信息做出错误的决定。当然,这样做的逻辑是,操作员的错误决定能给被跟踪飞机提供完成任务更好的机会。欺骗干扰的一个突出优点是干扰机所需的功率不像噪声干扰机要求的那样高,不过这种技术更加复杂。实施欺骗干扰的主要设备是技术产生器,它被用来产生所需的干扰信号。

雷达可以测量目标飞机的三个主要参数:目标距离、目标相对于雷达的角度以及目标速度。让我们快速回顾一下雷达是如何确定这三个参数的,脉冲雷达周期性地发出短脉冲电磁波信号,然后接收反射的雷达信号(蒙皮回波)来寻找它的目标。根据雷达接收到反射信号的时间,雷达可以确定目标的距离。在最简单的实现中,发射的每个脉冲是一个固定频率的窄脉冲。由于第 2 章讨论的多普勒效应,反射信号的频率可能与发射信号的频率不同。利用这个频率差,雷达就可以确定目标的径向速度。当搜索目标时,雷达天线将扫描整个空域,雷达接收到强反射信号的方向即是目标相对雷达的角度。该操作如图 5.4 所示。

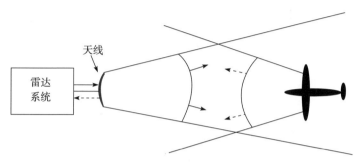

图 5.4　脉冲雷达工作原理

一个成功的欺骗干扰要求在不惊动雷达操作员的情况下进行。为了实现这一目标,干扰机需要使雷达操作员错把干扰信号作为一个真实目标的回波脉冲。首先,干扰信号必须在不引起雷达屏幕上任何明显变化的情况下取代雷达的回波信号。要做到这一点,干扰机需要产生一个干扰信号来匹配雷达信号,同时发送干扰信号的时机也很重要。如果干扰机接收到雷达信号并立即发送干扰信号,这种欺骗一般不会成功,因为在截获雷达信号和产生干扰信号之间总是有一个时间延迟。为了正确及时发出干扰信号,干扰机必须预测下一个雷达脉冲的到达时间,当下个脉冲到达时就立即发送干扰信号,且发送时间要覆盖雷达脉冲的持续时间,使雷达接收机同时接收到回波信号和干扰信号。脉冲预测是技术发生器的任务。由于覆盖雷达回波信号的干扰脉冲具有相似特征,导致雷达操作员可能没有注意到干扰脉冲的存在,换句话说干扰脉冲就控制了雷达操作。一旦完成这项任务,雷达对目标的距离、速度和角度的估计可能会被干扰机误导。

值得注意的是,有一种噪声干扰的变体,即通过使用噪声脉冲覆盖雷达的目标回波脉冲。采用这种方法,一个噪声干扰机就能够干扰多部雷达,对干扰机功率的要求也就大大降低了,这种干扰方法被称为压制噪声干扰。压制噪声干扰不是欺骗干扰,因为它不会给雷达提供错误的信息。在接下来的章节中,我们将讨论一些可用于改变一部或多部雷达的三个测量值的欺骗干扰技术以及雷达抗干扰措施。

5.6 距离和速度欺骗:距离门拖引和速度门拖引

当脉冲雷达通过雷达回波信号检测到一个目标时,它将在接收回波脉冲的时间前后放置一个距离门,并使所有在窗口外接收到的信号为零。这种做法背后的原因是为了剔除不需要的噪声(以及在错误的时间发出的干扰信号)。当然,这个距离门会随着雷达回波信号移动,因为接收回波信号的时间是由目标的距离决定的。当目标飞机的电子战接收机截获到雷达信号时,需要计算出信号的频率、脉冲宽度和脉冲重复间隔。一旦确定了雷达脉冲重复间隔,它可以在下一个雷达脉冲到达目标飞机时,发出一个脉冲宽度和频率与雷达脉冲类似的干扰信号(这个任务可以通过对截获的雷达信号进行采样,从而复制它)。干扰信号与雷达回波信号一开始大致重叠,但逐渐地使干扰信号与目标回波分离。通常干扰信号比真实的雷达回波信号强,所以距离门会跟随干扰信号而不是真正的回波信号移动,最终距离门内只能接收到干扰信号而不是真实的回波信号。如果干扰机逐渐改变干扰信号发射时间,比如移动到雷达脉冲的前面,雷达就会提示目标正在接近。如果发射时间在雷达脉冲后移动,雷达将显示目标越来越远。这种欺骗干扰技术称为距离门拖引,距离门拖引如图5.5所示。

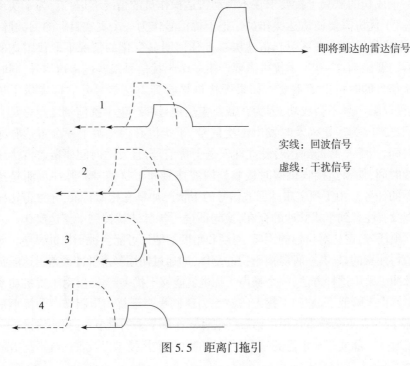

图 5.5 距离门拖引

同样,干扰信号的频率也可以逐渐改变。频率的微小变化可以提供错误的速度信息,因为雷达测量回波脉冲的频率偏移来确定多普勒频率和目标的速度。这种方法称为速度门拖引。雷达可能会在目标回波信号的频率周围使用带通滤波器(速度门)来跟踪目标速度并滤除噪声。干扰机首先发送与雷达回波信号频率相同的强干扰信号,然后逐渐改变干扰信号的频率来移动雷达的速度门,这样实际的雷达回波信号就会被滤除。当移动雷达的距离门或速度门足够远时,这些门滤除掉实际的雷达回波信号后,干扰机可以停止发射干扰信号,同时雷达将失去跟踪的目标,需要再次搜索目标。值得注意的是,速度门拖引可以用于对抗脉冲雷达和连续波雷达。

5.7 电子反对抗:频率捷变与脉冲捷变雷达

如前所述,截获接收机测量雷达脉冲的五个参数:频率、到达时间、脉冲宽度、脉冲幅度和到达角。前三个参数是雷达可控的雷达信号固有参数。为了提高雷达的灵敏度,雷达根据接收到的多个目标回波脉冲来检测目标。民用雷达通常保持这三个参数不变,以便更容易合成接收到的回波脉冲。

然而,出于抗干扰的考虑,军用雷达的频率、脉冲宽度和到达时间可以在脉间改变。当然,这些改变将使雷达设计复杂化。例如,如果雷达在脉间改变其信号频率,不仅发射机的设计困难,而且接收机的设计也复杂。发射不同频率信号的雷达称为频率捷变雷达。雷达也可以有许多脉冲重复间隔(交错 PRI),这将使截获接收机端的脉冲到达时刻的间隔不同。交错 PRI 雷达具有 PRI 捷变性,同样也可以对脉冲宽度进行类似的操作。

如前一节所述,欺骗干扰的第一步是用干扰信号覆盖雷达脉冲,以便干扰机能够影响雷达的操作。为了覆盖脉冲,技术发生器必须能够预测下一个雷达脉冲的频率、脉冲宽度和到达时间。如果雷达的某些固有参数在脉间发生变化,则很难预测下一个脉冲的参数。随着所有这些参数的不断变化,截获接收机和电子战处理机对雷达脉冲的测量和去交错将是一项挑战,更不用说预测下一个雷达脉冲了。因此,为了对抗欺骗干扰,许多军用雷达具有参数捷变性。

5.8 角度欺骗:旁瓣干扰和旁瓣对消

干扰还可以欺骗雷达操作员测角。与所有天线一样,雷达天线有一个主瓣和许多旁瓣,如图 5.6 所示。雷达在搜索目标时,会发射雷达脉冲,其大部分能量通过主瓣辐射。雷达接收机在检测雷达回波脉冲时,默认接收到的能量是通过天线主瓣进入,主瓣方向即为目标的方向。为了用错误的角度信息欺骗雷达,当雷达主波束照射目标时,干扰机应避免发送干扰信号。当主波束没有对准目标时,干扰信号通过雷达天线旁瓣发送给雷达。由于旁瓣的天线增益比主瓣要弱得多,因此干扰信号必须很强。雷达通常认为所有信号都来自主瓣,如果雷达确定干扰信号是真实的目标回波,就会错误地判定目标在主瓣方向,从而雷达可能会提供错误的角度信息。

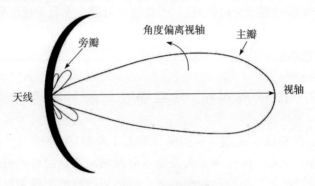

图 5.6　雷达天线图

　　通过天线旁瓣接收信号是天线的一个普遍问题,而不是雷达所特有的。截获接收机也有同样的问题。信号到达角是截获接收机需要测量的重要雷达参数之一,该信息不是雷达的固有参数,雷达操作员无法控制它。因此,这使其成为截获接收机测量的最关键的参数。对于电子战接收机,角度信息可用于两个重要操作。第一个用途是雷达脉冲分选。由于雷达无法控制其到达角,因此到达角是分选雷达脉冲最可靠的参数。在分选中,只要测量值一致,到达角的真值并不重要,并且可以用来分离不同雷达的雷达脉冲。到达角的第二个用途是引导干扰方向。在此操作中,要求到达角值必须正确。如果角度测量错误,干扰机将指向错误的方向进行干扰。截获接收机通过天线测量到达角,该天线也有一个主瓣和旁瓣。雷达天线设计通常以增加其方向性增益为目的,这样通过旁瓣发射/接收的信号要比通过主瓣发射/接收的信号弱得多。另一方面,截获接收机的天线结构简单、重量轻、体积小以使其可以安装在喷气式战斗机上。其结果是这类天线具有相对较高的旁瓣。虽然没有人试图研制干扰机来干扰截获接收机,但由于其简易天线设计的缺点,接收机本身可能产生错误的到达角信息。

　　雷达消除天线旁瓣可能产生错误角度信息的一种常用方法是使用旁瓣对消设计,如图 5.7 所示。同样的概念可以应用于雷达和截获接收机系统。这个想法是引入另一个天线和接收通道。通常称该天线为副天线,副天线是全向天线,这意味着天线在所有方向上都有相等的增益。对副天线的要求是各方向的增益要大于主天线的旁瓣增益,但小于主天线的主瓣增益。当主接收通道的输出大于辅助接收通道的输出时,就可以确定信号来自主天线主瓣,且测角是正确的。否则,信号来自主天线的副瓣。通过这种设计,雷达操作员就可以确定雷达是否被错误的角度信息干扰。

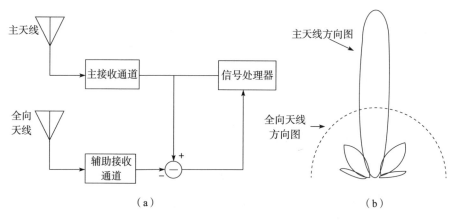

图 5.7　旁瓣对消设计

5.9　角度欺骗:逆增益干扰

从名称中可以猜到这种干扰是基于测量的信号强度。截获接收机测量被截获的雷达脉冲幅度,并利用这一参数控制技术发生器。当然,干扰机必须知道正确的频率和到达时间。换句话说,干扰机是需要覆盖雷达脉冲的。

逆增益干扰的原理是当雷达天线主瓣指向目标时,截获接收机接收到一个强信号。当天线主瓣指向其他地方,而旁瓣指向目标时,截获的雷达信号要弱得多。为了利用这一现象,当测量到的脉冲幅度较高时,向雷达发送一个弱干扰信号。当被测脉冲幅度较弱时,向雷达发送较强的干扰信号。这就是逆增益的由来。因此,逆增益干扰可以干扰雷达的角度测量,因为雷达将会在一个宽角度范围内接收到强回波信号。如果干扰信号一旦接管雷达,回波信号的强度将由干扰机控制,而不是真正的雷达回波信号。

这种干扰对 2.13 节所述的圆锥扫描雷达非常有效。由于这种雷达天线的主瓣较宽,因此角度测量的精度不够。圆锥扫描雷达通过使其天线作圆锥扫描以让目标处于扫描区域的中心,从而解决测向不准确的问题。其技术原理是通过比较天线的输出,当扫描天线在扫描过程中输出幅值大致相同时,目标位于圆锥的中心。如果输出幅值差别较大时,雷达可以调整圆锥扫描中心来定位目标。

逆增益干扰扰乱了这一操作。结果,天线不能使目标定位在圆锥扫描的中心。

逆增益法的设计逻辑是:雷达天线在圆锥扫描时发射信号,并利用扫描过程中雷达回波脉冲的能量波动精确定位目标。因此,逆增益的设计思想是"均衡"这一能量变化。因此对应的雷达抗干扰措施是在某个方向上的发射天线不扫描,并用一个单独的接收天线进行圆锥扫描。这样,截获接收机在扫描过程中无法观察到能量的变化,逆增益干扰将不起作用。这种雷达抗干扰称为 COSRO 或 LORO(隐蔽锥扫)。

5.10　角度欺骗:交叉眼干扰[3,4]

如 2.14 节所述,单脉冲雷达使用 4 个天线来发射/接收信号,并通过这些天线接收信号的和差来定位目标。因此,它可以用一个脉冲来定位目标,这就是单脉冲雷达的由来。单脉冲雷达的优点是抗干扰能力强。例如,前一节描述的逆增益干扰实际上有助于单脉冲雷达提高其灵敏度,因为它可以通过所有天线接收到的强干扰信号来定位目标。

干扰单脉冲雷达的一种方法是交叉眼干扰。交叉眼干扰的基本原理是使用两个分开的干扰机在不同的位置发送干扰信号,且干扰信号之间相位差为180°。通常,这两个干扰机被安装在飞机机翼的末端,因为这是飞机上最远的距离间隔。理想情况下,单脉冲雷达的不同天线接收这两个干扰信号。由于两干扰信号相位相反,当它们相加时就会相互抵消,雷达什么也看不见,而当一个接收信号减去另一个接收信号时,雷达将看到最大输出。虽然理想的情况几乎是不可能的,交叉眼干扰可以导致和通道输出小于差通道输出。结果是雷达将调整它的角度远离目标,最终对目标失锁。

从上述描述可以看出,这个操作是相当困难的,因为需要在宽频带上严格控制两个干扰信号的相位差。一种简单的实现方法是在机翼的两端安装两个干扰机,每个干扰机有一个接收机和一个发射机,如图 5.8 所示。两个干扰机的发射机分别转发另一个干扰机接收到的雷达信号,在这两路干扰信号中,其中一路通过延时产生 180°的相位差。不过,延迟的大小取决于信号频率(对于 2GHz 信号,延迟需要是 0.25ns,对于 1GHz 信号,延迟是 0.5ns),干扰机对雷达频率没有控制。为了使交叉眼干扰有效,这个延迟(相位差)必须是精确的。这是一项极具挑战性的任务。交叉眼干扰的最初想法在 1958 年申请了专利(US4117484A和 US4006478A),直到 20 世纪 70 年代才开始实际运用(这两个专利申请分别在1978 年和 1977 年获得批准)。延迟运用的主要原因可能是这一巧妙方法的复杂性。

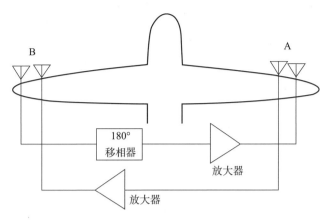

图 5.8　交叉眼干扰机的设计概念图

5.11　数字射频存储器

从前面对不同欺骗干扰技术的描述可以看出,为了欺骗雷达,干扰机需要产生与雷达信号非常相似的干扰信号。随着雷达技术的发展,由于可能出现的雷达波形越来越多,这一任务变得越来越困难。即使雷达只发出不同频率的脉冲信号,对雷达干扰机来说在短时间内生成一个假的雷达目标回波也是很困难的,更不用说雷达可能在脉冲间改变脉冲宽度、脉冲重复周期以及频率。解决这个问题的一种方法是记录截获接收机接收到的有用雷达脉冲,将它们存储在内存中,并在必要时重新生成这些脉冲,数字射频存储器(DRFM)就是为此而开发的。

DRFM 最早在 1975 年提出,它已经成为干扰的标准设备。DRFM 的基本思想非常简单,它将接收到的射频信号下变频为较低频率,然后使用高速模数转换器对变频后的低频信号进行采样。信号下变频的原理与 4.6 节介绍的超外差接收机的工作原理相同。如果采样率高,接收机带宽足够宽,则可以采集到接收到的雷达脉冲的高保真副本并存储在存储器中。DRFM 可以重新生成存储在内存中的雷达脉冲,或对它们进行调制以达到欺骗干扰的目的,然后将这些脉冲信号上变频至射频进行发射(和下变频原理相同,即将信号与本振信号相乘)。图 5.9 中给出了一个 DRFM 的简单框图。DRFM 甚至能够存储具有不同脉冲宽度和脉冲重复周期的雷达脉冲序列,从而能够干扰具有脉冲捷变功能的雷达。随着数字器件的快速发展,DRFM 在未来用途只会更加广泛,并将在很长一段时间内成为电子战行业不可或缺的设备。

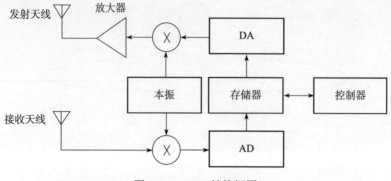

图 5.9   DRFM 结构框图

5.12   电子战飞机

本章所述的干扰技术可以由目标飞行器(自卫干扰)或护航电子攻击机(支援干扰)来执行。支援干扰可进一步分为远距离干扰或随队干扰。远距离干扰是由电子攻击机在目标飞机后面进行的,随队干扰是由干扰飞行器(可能遥控驾驶)在目标飞机和雷达之间执行的。自卫与支援干扰、远距离干扰与随队干扰的关系如图 5.10 所示。对于自卫干扰,目标飞机可以携带电子干扰(ECM)吊舱。图 5.11 为 AN-ALQ 101 电子干扰吊舱的照片。电子攻击机的主要任务是干扰雷达和通信,如诺思罗普·格鲁曼公司的 EA-6B"徘徊者"和波音公司的 EA-18G"咆哮者",这些飞机通常拥有所有必要的电子战装备来执行有效的干扰。

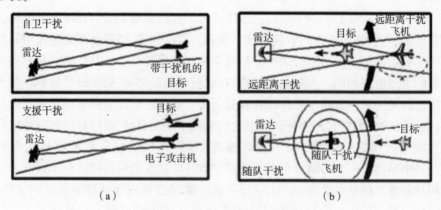

图 5.10   几种常见的干扰关系

(a)自卫干扰和支援干扰;(b)远距离干扰和随队干扰[5-6]

图 5.11　AN-ALQ 101 电子干扰吊舱

在作战中,装备电子战系统的飞机会率先起飞以吸引对方雷达发现或向它们射击。例如,在越南战争中,飞机被北越的 SA-2 导弹击毁,但无法定位并摧毁 SA-2 导弹阵地,于是萌生了"野鼬"的概念。该想法是成立由装备雷达告警器的飞机组成的"野鼬"分队,在执行任务时领先其他飞机。"野鼬"分队作用是引诱对方雷达锁定"野鼬"分队,"野鼬"飞机就可以使用能够跟踪雷达信号的反辐射导弹摧毁对方的雷达阵地。当然,这是一项非常危险的工作。从 1966 年 6 月到 1966 年 8 月,10 架"野鼬"改进型 F-105F(第二批"野鼬")战斗机损失了 5 架。

在现代战争中,没有有效的雷达,军队就是睁眼瞎子。从另一方面看,如果没有有效的电子对抗,飞机就会沦为靶子。作战时,电子攻击机的主要任务是保护所有的友军飞机。它们通常以某种模式飞行,远离前沿战场,并能远距离干扰敌人的雷达。由于装备了更好的电子战设备,它们可以专注于干扰。例如,1972 年 12 月 18 日,在一次攻击河内的任务中,除了执行实际攻击任务的飞机外,还部署了 31 架电子战飞机进行远距离干扰。

支援干扰有着明显的优点。当一架电子战飞机通过虚假角度信息欺骗干扰雷达时,雷达想区分真正的目标回波(或雷达希望看到的目标回波)和干扰信号是很困难的,因为干扰信号实际上提供了正确的电子战飞机的角度信息。但是,雷达无法看到它正在寻找的目标飞机的雷达回波信号。另一个明显的优点是电子战飞机是安全的,不受制导导弹的威胁,因为它在战场之外。因此,干扰机几乎没有来自对手的威胁。

5.13   干扰的危险

所有的主动电子战操作本质上都是危险的,因为发射的无线电信号可能会暴露自我,干扰(特别是自卫干扰)也不例外。一些导弹制导模式被设计来跟踪干扰信号。它们被称为干扰制导。导弹也可以由制导雷达或自带雷达制导。当导弹被雷达引导时,雷达向目标飞行器发射制导信号,导弹跟踪反射的雷达信号飞向目标。

如果导弹自身装备了雷达,它将向目标飞机发射一个信号,并跟踪雷达目标回波信号。在飞机干扰雷达或导弹后,导弹可以改变其工作模式。导弹可以改变模式为干扰制导,利用干扰信号制导,而不是跟踪它自身发出的制导信号。反辐射导弹使用同样的原理来攻击雷达。

5.14   战斗实例:赎罪日战争和1982年黎巴嫩
战争中的电子战[11-14]

1973年10月6日,犹太人的赎罪日,这是犹太教一年中最神圣的日子,埃及和叙利亚对以色列发动了一场协同突袭。在南部,被占领的西奈半岛上的以色列空军基地遭到埃及空军的攻击,叙利亚空军在北部袭击以色列在戈兰高地的防御设施。在袭击之前,阿拉伯人干扰了以色列的无线电通信,造成了以色列指挥系统的混乱。然而,经过最初的混乱阶段之后,以色列发动了反击,派遣"鬼怪"和"天鹰"战斗机攻击埃及。经历过之前与埃及的冲突,以色列军队对自己的空中优势充满信心。然而,以色列空军所不知道的是,埃及在战争前从苏联接收了新的SA-6导弹。与西方国家所熟悉的SA-2和SA-3导弹的脉冲雷达不同,SA-6导弹使用低功率直流电连续波雷达来照射目标飞机。以色列喷气式战斗机上的截获接收机是为截获脉冲雷达而设计的,因此无法接收到低功率连续波雷达信号,更不用说干扰它了。此外,用于控制埃及高射炮的"炮盘"雷达也改变了它的雷达工作频率至一个更高的频率。结果,以色列在一周内损失了100架战机,并向美国寻求帮助。美国向其交付的ALQ-119干扰吊舱使用5.6节中介绍的速度门拖引方法干扰连续波雷达。然而,由于对SA-6导弹所知甚少,美国和以色列都不知道ALQ-119是否能实现所承诺的性能。因此,以色列只对SA-2导弹和SA-3导弹使用了ALQ-119,而没有对SA-6导弹使用。

尽管空军损失惨重,以色列地面部队仍能在两条战线上守住地面,甚至向前推进,并于1973年10月24日达成停火协议。1982年,以色列和巴勒斯坦解放军/叙利亚之间的另一场战争在黎巴嫩爆发(称为 1982 年黎巴嫩战争),叙利亚贝卡谷地的 SA-6 导弹阵地是以色列的主要目标。有了上一次代价的巨大教训,这次以色列利用电子战飞机收集叙利亚雷达工作参数的情报后,利用高速无人机作为叙利亚导弹的诱饵。在这些无人机上安装了电子战设备,可以对叙利亚雷达产生类似于喷气式战斗机的响应。随后,叙利亚雷达开始搜索这些无人机,根据叙利亚雷达的信号,携带干扰吊舱的以色列喷气式战斗机开始对叙利亚导弹炮台发动攻击。以色列声称,在 15min 内,叙利亚 19 个 SA-6 导弹阵地中有 17 个被摧毁。

我们可以从这两个历史事件中吸取一些教训。首先,不同的雷达需要不同的干扰技术,雷达情报的重要性再怎么强调也不为过。主动发射信号可能是危险的。由于被以色列的无人机欺骗,叙利亚的 SA-6 导弹系统雷达工作了很长一段时间来搜索这些无人机,最终导致了它们的毁灭。本章涉及的大多数干扰技术都是针对脉冲雷达开发的,但低功率连续波雷达(它可以在很长一段时间内传播能量)很难被侦测到,并且可能有效。关于连续波雷达(FMCW 雷达)将在第 9 章中更详细地介绍。

5.15　小结

本章讨论了几种干扰技术,介绍了它们的优缺点以及相应的对抗措施。采用了一些真实的战斗例子来证明电子战的重要原则。干扰是如此重要,以至于飞机的电子战系统在干扰上花的时间比接收上花的时间要多。但同时也要给截获接收机设计开窗时间。开窗设计是让干扰机停止干扰很短一段时间,以便截获接收机可以检查被干扰的信号是否仍然存在。由于干扰信号可以暴露飞机并被敌人当作导弹制导信号,一旦被干扰的雷达信号消失,干扰信号也应该停止。

欺骗干扰要优于噪声干扰。如果干扰操作进行顺利,雷达操作员可能不会意识到雷达被干扰,直到它失去对目标的跟踪。欺骗干扰的首要要求是有被干扰雷达信号的先验信息。欺骗干扰最开始要用干扰信号覆盖雷达回波信号。如果雷达信号参数具有一定的捷变性,干扰机将很难覆盖雷达脉冲。有些雷达难以被干扰,需要特殊的干扰技术。近年来,DRFM 已成为一种主要的电子战设备,使电子战系统能够干扰复杂的雷达。

如果目标飞机未能干扰雷达,导弹就会朝目标飞机发射,那么目标飞机就需要在机动上胜过导弹或误导导弹以自保。这将是下一章的主题。

参考文献

［1］Samuel Liao,Microwave Devices and Circuits,3rd edition,Prentice-Hall,1990.

［2］Damien Minenna, Frédéric André, Yves Elskens, Jean-François Auboin, and Fabrice Doveil, "The Traveling-Wave Tube in the History of Telecommunication," the European Physical Journal H,Springer,vol. 44,no. 1,pp. 1-36,2019.

［3］Warren P. du Plessis, "Practical Implications of Recent Cross-Eye Jamming Research," in the Proc. of Defense Oper. Appl. Symp. (SIGE),São José dos Campos,Brazil,2012,pp. 167-174.

［4］L. Falk, "Cross-Eye Jamming of Monopulse Radar," in the Proc. of 2007 International Waveform Diversity and Design Conference,Pisa,2007,pp. 209-213.

［5］Electronic Warfare Fundamentals,U. S. Department Of Defense,2000.

［6］Electronic Warfare and Radar Systems Engineering Handbook,4th edition,Naval Air Warfare Center Weapons Division,2013.

［7］David L. Adamy,EW 104:EW Against a New Generation of Threats,Artech House,2015.

［8］Andrea De Martino,Introduction to Modern EW Systems,2nd Edition,Artech House,2018.

［9］S. J. Roome, "Digital Radio Frequency Memory," Electronics &Communication Engineering Journal,vol. 2,no. 4,pp. 147-153,Aug. 1990.

［10］Sheldon C. Spector, "A Coherent Microwave Memory Using Digital Storage:The Loopless Memory Loop," the Journal of Electronic Defense,Jan. /Feb. ,1975.

［11］Alfred Price,War in the Fourth Dimension,Greenhill Books,2001.

［12］Alfred Price,History of US Electronic Warfare,vol. 3,The Association of Old Crows,2000.

［13］Mario de Arcangelis,Electronic Warfare:From the Battle of Tsushima to the Falklands and Lebanon Conflicts,Blandford Press,1985.

［14］David Eshel, "EW in Yom Kippur War," the Journal of Electronic Defense, pp. 49-55, Oct. 2007.

第6章
导弹探测系统与防御

6.1 引言

第4章主要讨论了确定飞机是否被威胁雷达照射的截获方法,如果探测到威胁雷达,必须立即对雷达进行干扰,第5章主要讨论了干扰和雷达抗干扰。在现代战场上,每秒有数十万个脉冲。因此,截获接收机和电子战处理机总有可能错过威胁雷达信号。此外,一些导弹可以在不使用雷达的情况下发射。因此,导弹向飞机发射后,飞行员需要立即采取行动以避免牺牲。本章我们将重点讨论导弹探测系统和防御。

值得一提的是,导弹并不是飞机的唯一威胁。高射炮(AAA)也是一种主要威胁。事实上,在越南战争中,美国战机被高射炮击落的数量比被地对空导弹(SAM)击落的还要多。同样在"沙漠风暴"行动中,美军飞机被高射炮击落了9架,而被雷达制导的防空导弹击落了10架,被红外制导的防空导弹击落了13架。许多高射炮也是由雷达控制,所以前两章提到的截获和干扰方法同样可以提高飞行员对抗高射炮的生存能力。然而,在炮弹或火箭弹发射后,由于它是无制导的,因此它的运动受推力和重力支配。因为炮弹的方向是不能改变的(但它的引信可能会被干扰),所以最好的(可能也是唯一的)避开炮弹的方法就是飞离它;因此,关于如何保护飞机免受高射炮攻击没有太多需要讨论的,本章将主要讨论如何探测和防御导弹。

根据定义,导弹和火箭弹的主要区别在于导弹是有制导的,而火箭弹没有。不过,并不是每一种导弹都需要雷达制导。例如,一些如红外地对空导弹的热寻的导弹可以由步兵通过视觉制导发射,导弹利用飞机辐射的热量跟踪飞机。在这种情况下,传统的用于侦测雷达信号的被动电子战技术无法探测到导弹并向飞行员告警。因此,雷达防御系统不能解决探测导弹的所有问题。如果这种导弹向目标飞机发射后,但飞行员和飞机上的电子战军官没有意识到这一紧急危险,那么可以想象情况将会是多么严重。

由于这种可能性,需要一种不以截获雷达信号为依据的导弹逼近告警系统。本章将介绍两种探测飞行导弹的方法。第一种方法是被动的;第二种方法是主动的。

被动方法是探测导弹的尾流。当导弹在飞行中,它的发动机需要推动它前进。发动机很热,后面有一股排气尾流。理论上,如果能探测到尾流,就能探测到导弹。由于尾流的光谱在红外范围内,因此这种导弹逼近告警系统被称为红外导弹逼近告警系统。当然,红外制导导弹也是应用同样原理来跟踪目标飞机的。主动导弹逼近告警系统是一种用于探测临近目标的简单雷达。在所有的威胁中,逼近飞机尾部的导弹可能是最危险的一个。因此,该雷达从飞机尾部向后探测,以发现任何接近的目标。这种雷达也因此被称为机尾告警雷达。

被动探测导弹的方法相对简单,成本效益高。红外导弹逼近告警系统可以安装在包括直升机在内的许多不同类型的飞机上。而主动探测方法较为复杂,成本相对更高。这种方法可能只适用于大型飞机,如轰炸机。

6.2　红外接收机基本概念

红外是波长在 $0.7 \sim 1000 \mu m$($10^{-6}m$)之间的电磁波。它的光谱介于可见光和微波之间。红外光谱可进一步分为 5 个区段:近红外($0.75 \sim 1.4 \mu m$)、短波红外($1.4 \sim 3 \mu m$)、中波红外($3 \sim 8 \mu m$)、长波红外($8 \sim 15 \mu m$)和远红外($15 \sim 1000 \mu m$)。红外光谱如图 6.1 所示。根据斯特藩–玻尔兹曼(Stefan-Boltzmann)定律,任何温度(T)高于绝对零度的物体都会产生辐射,且辐射总量与 T^4 成正比。

由于 99% 的热辐射都在红外光谱中,具有热源的目标(如导弹或飞机)的红外辐射是用来探测这些目标的重要特征。这就是为什么红外制导导弹经常被称为热导引头的原因。导弹上明显的红外辐射源是其排气尾流和高温发动机,另外快速飞行的导弹也会使其周围空气升温,故这种加热了的气体也能产生红外辐射。

红外导弹逼近告警器通常放置在飞机尾部以探测来袭导弹,但对于直升机,红外导弹逼近告警器可能安装在其四个象限内。当导弹发射时,它的排气尾流非常强。如果导弹在发射阶段就能被发现,飞行员可以有最长的响应时间。对于冷发射导弹,即导弹先被发射到空中,然后再点燃发动机,目标飞机的响应时

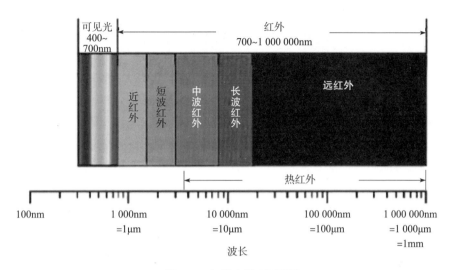

图 6.1　红外光谱（见彩图）

间可能会缩短。在导弹被发现后,红外导弹逼近告警系统可以跟踪它的轨迹。

　　从理论上讲,红外导弹逼近告警系统是一个很好的想法,它的工作原理是非常简单的。不过,这种方法面临的一个主要问题是环境中的其他红外辐射,尤其是太阳辐射。太阳比地球上大多数热源都要热得多。太阳不仅更亮,它还照亮许多地方。太阳光还可以从不同的地方反射到红外接收机,接收机可能会把这种自然热辐射当成来袭导弹报告。此外,大气能吸收红外辐射,这取决于天气。这种情况如图 6.2 所示。因此,研制一个可靠的红外导弹逼近告警系统是一项工程挑战,下一节将讨论红外导弹逼近告警系统的一些问题。

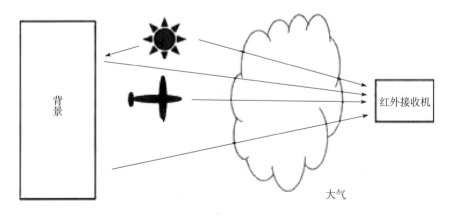

图 6.2　红外辐射到达红外接收机

6.3 红外导弹逼近告警系统的虚警及其他问题

红外导弹逼近告警系统的一个主要问题是虚警。不同于安装在导弹上的红外传感器,它是跟踪一个像飞机这样的大目标,红外导弹逼近告警系统用于在短时间内探测一个小目标。因此,它需要有很高的灵敏度。但是,高灵敏度会导致高虚警率。在实验室测试的红外接收机可能效果非常令人满意,但在实际飞行测试中,它可能产生许多虚警。很久以前,有人曾经向崔宝砚介绍过关于红外导弹逼近告警系统的性能。他说,飞行员做的第一件事就是关闭告警系统,因为它会产生许多告警信号,而飞行员不知道如何处理它们。所以,对于飞行员来说,处理这个问题的最好办法就是关闭告警系统。当然,这段对话发生在很久以前,随着技术的进步,这种说法可能不再正确。然而,与其他导弹逼近告警系统相比,红外导弹逼近告警系统的高虚警率仍然是其主要缺点之一。

大多数人都有过向阳驾驶的经历。太阳光对一些司机来说是难以忍受的。朝着太阳的方向一切很难看得清楚。在过去的空战中,飞行员常用的战术之一是从太阳的方向攻击。在红外空对空导弹广泛部署后,如何利用太阳或其反射对红外导弹进行干扰是一个需要研究的重要手段。与太阳相比,导弹排气尾流的辐射很弱,尤其是在导弹飞行时。在崔宝砚与其研究红外接收机的同事讨论了红外接收机的虚警问题后,他开始关注太阳光的反射。当他乘飞机旅行时,他总是向下留意地面反射的阳光,他可以看到各种各样的反射,如小池塘、建筑物等。大多数时候,他甚至不知道反射是从哪里来的,但很多都很明亮。

直到本章,本书中讨论的所有接收机都是无线电接收机。对于研究无线电截获接收机的人来说,他们主要关注于提高接收机的性能,虚警不是一个严重的问题。在测试无线电接收机时,由于雷达信号是专门产生的,不是天然存在的,所以虚警问题很少会被讨论。

虽然太阳会产生巨大的热量,从而产生红外辐射,但导弹排气尾流的红外辐射有特定的光谱。不同的热源可能有不同的红外辐射特性,如图6.3所示。利用这个信息可以区分导弹和其他目标的红外辐射。此外,即使不同类型的导弹也有不同的红外光谱。例如,有数据显示,车载地对空导弹的红外辐射在近红外或短波红外的范围内,而所有的地对空导弹和空对空导弹的红外辐射可以在中波红外的范围内。导弹的红外特性对于降低红外接收机的虚警率是非常有用的。一种方法通过使用滤光片过滤掉红外光谱的某些部分。如果这些滤光片的输出与导弹的红外辐射光谱相匹配,则导弹就会被探测到。还有些方法通过检查两个不同的红外子光谱来发现导弹。在现实中,很难测量和识别每一种可能存在的空中威胁排气尾流的整个光谱。为了开发红外导弹逼近告警系统,需要大量的排气尾流数据,崔宝砚的同事经过多次飞行来收集这些数据。所有这些努力都是为了减少红外导弹逼近告警系统的虚警,以便它可以用来探测真正来袭的导弹。

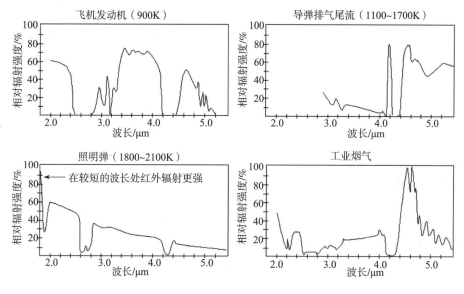

图 6.3　不同目标[7]的红外辐射光谱

注意:上图所示的是不同物体的相对辐射强度而非绝对辐射强度。因此,图中不同物体之间的幅度比较是没有意义的。

除了高虚警率外,红外导弹逼近告警系统的另一个问题是大气对红外辐射的吸收。如图 6.2 所示,任何红外辐射在到达接收机之前,都要穿过大气层,红外辐射在此传播过程中被吸收。更复杂的是,大气吸收取决于空气成分。不同类型的分子吸收不同波长的红外辐射,而且空气成分与海拔高度有关。因此,当利用测量的红外光谱来探测来袭导弹时,需要考虑两点:辐射光谱和大气吸收光谱。此外,水蒸气是一种非常强的红外吸收器,因此红外接收机在恶劣天气或雾天条件下不能很好地发挥作用。

由于这些问题的存在,一些研究人员已经将目光转向利用其他不同波长的光进行导弹探测,紫外辐射也被用于探测来袭的导弹。对于这样的系统,它的光电探测器被设计成只检测波长较短的紫外辐射,以避免太阳的紫外辐射(称为日盲紫外光)。大部分波长小于 280nm 的太阳紫外线被地球大气层吸收,由于基于紫外和红外的导弹逼近告警系统的原理相同,它们之间的主要区别是波长,本书将不再讨论紫外接收机。

6.4　尾部告警雷达

尾部告警雷达主要是用来探测从飞机后方来袭的导弹。对雷达的要求相对简单,但它必须重量轻、体积小。另一个设计挑战是,来袭导弹通常属于小目标,即其雷达截面积(RCS,反射雷达信号的区域)非常小,因此雷达难以发现它。导弹可能很长,但它的直径通常很小。当导弹飞向雷达时,正对雷达的截面积可能很小,并且在导弹飞行过程中,它的头部可能总是面朝着尾部告警雷达。如果导弹和雷达不在同一条线上对齐,导弹的 RCS 可能会变大。

尾部告警雷达的作用范围取决于导弹可能从哪里发射。导弹可以从地面或飞机上发射。因此,尾部告警雷达应该覆盖一个相对大的角度范围,而不仅仅是飞机正后方。

基于雷达的导弹逼近告警系统相对于红外导弹逼近告警系统的一个主要优势是,它不会像红外导弹逼近告警系统那样频繁地产生虚警。尾部告警雷达还可以估算来袭导弹的速度和距离。但同时,尾部告警雷达发出的信号也会暴露飞机,从而增加飞机的脆弱性。尾部告警雷达也可能无法探测到 RCS 小的导弹,直到为时已晚。为了降低红外导弹逼近告警系统的虚警率,应考虑尾部告警雷达和红外接收机相结合的方法,但这可能不适用于所有类型的飞机。

6.5　近炸引信和干扰

崔宝砚第一次听说近炸引信是在他上大学的时候。他的教授谈到了德国高射炮弹,并特别提到了在炮弹中使用的两种引信技术。第一种技术是炮弹外壳是蓄电池的一部分,但没有电解液。电解液在炮弹里的安瓿里,而不是在电池里。当炮弹被发射时,安瓿被冲击打破,炮弹旋转产生的离心力将电解液推入电池中,随即电池被激活。电池可为一个简单的雷达提供动力。当电池被激活时,雷达就开机了。如果雷达接收到的信号幅度高,就意味着有目标靠近,炮弹就会爆炸。崔宝砚完全忘记了为什么他的教授谈论这个主题。虽然描述了近炸引信的概念,但近炸引信一词却未被提及。当时,崔宝砚也只是想知道炮弹有多贵。后来,他才意识到军事行动的代价是极其昂贵的。

事实上,在第二次世界大战之前和期间,近炸引信在一些国家中是一个活跃的研究课题(很可能现在仍然是)。无线电近炸引信最初是由英国工程师设计的,并在第二次世界大战早期阶段与美国共享(在同一次项目中,英国人向美国人展示了如何制造磁控管来产生雷达信号)。美国之后完善了引信的设计,在上一段中描述的精巧的电池激活方案就是美国发明的(尽管实际略不相同;炮弹外壁不是电池的一部分,它是一个独立的组件)。发射机发出连续波信号,发射和接收共用同一天线,接收机检测由反射信号和本振信号混频产生的多普勒信号。其工作原理与 4.6 节介绍的超外差接收机相同。多普勒(Doppler)信号频率是由炮弹与目标之间的速度差引起的多普勒频移。多普勒信号频率远低于发射信号频率,其幅值与反射信号的幅值成正比。当目标靠近时,反射信号强度增大。如果多普勒信号的幅值高于阈值,引信引爆炮弹。这种引信被称为 VT 引信,其中 VT 代表可变时。图 6.4 给出了近炸引信的示意图。虽然同样的原理可用于炸弹和其他火炮,但这种引信起初只用于海军舰艇的高射炮,因为地面防空炮弹直接击中飞机的机会很少,而且,这样做使近炸引信落入敌人手中的概率也很有限。直到 1944 年,VT 引信才被授权用于地面战,乔治·史密斯·巴顿(George Smith Patton)将军在看到它在"阿登战役"中成功使用后,印象非常深刻。至于引信的成本,每个引信的成本在 1942 年是 732 美元(2020 年价值:11617 美元),在 1945 年是 18 美元(2020 年价值:258.68 美元)。

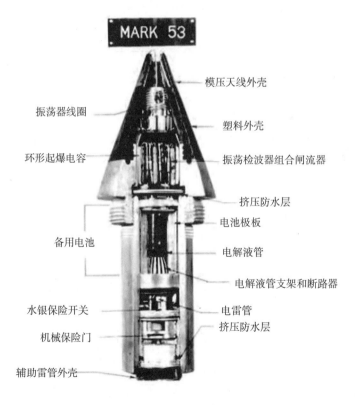

图 6.4　近炸引信

现代导弹近炸引信的工作原理与上面描述的类似,尽管为雷达供电的机制可能有所不同。由于近炸引信使用雷达,因此也容易被干扰。干扰的目标是让导弹在离目标飞机还很远的时候提前引爆。干扰近炸引信的一个简单方法是将接收到的雷达信号放大并转发,这样如果近炸引信是基于多普勒信号幅度激活的,干扰信号就可以提前引爆导弹。为了对抗这种转发干扰方法,有些引信仅在多普勒信号幅值高于阈值且多普勒信号频率变化迅速时才引爆导弹。增加了另一个条件是基于当导弹飞向目标时多普勒频移为正,导弹飞离目标时多普勒频移为负的这一物理现象。不同的雷达信号已被用于近炸引信雷达抗干扰。我们已经知道,为了有效地干扰任何雷达,关于雷达信号信息的重要性再高估也不为过。

6.6　导弹制导系统

射频制导和红外制导是两种常见的导弹制导系统。射频制导系统可进一步分为两种类型:一种使用来自导弹自身的无线电制导信号(称为主动寻的);另一种使用来自外部雷达的无线电制导信号(称为半主动寻的)。为了干扰主动或半主动寻的导弹,必须得知道制导信号。如果在战场上一方不知道导弹制导信号,其可能会感到恐惧并遭受巨大损失,如5.14节中的"赎罪日战争"案例所展示的那样,以色列空军由于当时对新导弹SA-6一无所知,一周内损失了一百架飞机。一旦知道了制导信号,就可以显著地减少损失,在5.14节中提到的"1982年黎巴嫩战争"案例证明了这点。

另一种常用的导弹制导方法是通过红外传感器。这种制导导弹跟随飞机散发出的热量,这些热量能够产生红外辐射。飞机的红外辐射来源主要有:①飞机排气尾流;②飞机发动机热量;③飞机机身结构(太阳光反射或气动加热产生的热量)。早期的红外制导导弹追踪热发动机部分(近红外波段),后来的热导引头追踪发动机排气尾流(中红外波段)。红外制导系统是一种导弹不发射信号的被动寻的系统。干扰制导也是被动寻的系统的一种,其利用飞机的干扰信号进行制导。一些红外导弹可以在没有任何雷达制导的情况下发射。操作员可以目视地将红外地对空导弹瞄准一架飞机并发射导弹。美国的"毒刺"导弹就是一个例子,它是许多单兵便携式防空系统(MANPADS)中的一种。这种导弹制导也被称为发射后不管,因为导弹所需要的只是有人发射它。一旦导弹发射,不需要制导信号,因此,发射它的人可以离开/隐藏,导弹将自动寻找和跟踪目标。

红外制导系统是利用红外探测器探测目标红外辐射特性的光学系统,它的工作原理与红外导弹逼近告警系统相似。制导系统需要区分目标和其他红外辐射源,并且要覆盖大的角度范围,另外它的跟踪角度也需要精确。图 6.5 给出了红外制导系统示意图。在系统中,红外光通过红外罩,经主镜反射,再经副镜反射,通过旋转的调制盘,调制盘的作用将在后面详细说明,然后到达能将辐射强度转换成电信号的红外位标器。调制盘可以看作是一个由透明和不透明区域组成的具有一定图案的圆形透镜。它可以帮助制导系统区分目标和其他背景红外辐射源(如云层或沙),以提供准确的角度信息。为了实现这些目标,可以使用不同图案的调制盘,如图 6.6 所示。A 调制盘被称为全辐条调制盘,其由交错的透明/不透明辐条组成。全辐条调制盘可以区分背景辐射和目标辐射。假设目标尺寸较小,云层等背景红外辐射源较大,当调制盘旋转时,背景红外辐射源在接收机处产生一个相对恒定的电压,而目标红外辐射源在接收机处产生一个周期性电压(类似周期性脉冲信号)。同时,当目标更接近调制盘的中心时,产生的电压的平均幅值降低,因为目标的一些区域将更频繁地被不透明的辐条阻挡。图 6.6 中的 B 调制盘可基于探测器何时开始检测到辐射来确定目标的角度。当目标在中间时,红外探测器应该检测到一个恒定的辐射。图 6.7 说明了这两个调制盘的工作原理。C 调制盘是 A 调制盘和 B 调制盘的组合,其一半是 50%透明的,一半是一个辐条板。因此,它可以确定目标的位置,并从其他的背景红外辐射源中区分目标。C 调制盘图案被称为旭日型调制盘,导弹制导系统使用 C调制盘的目的是将目标锁定在调制盘的中心。当目标锁定在调制盘中心时,红外探测器产生恒定的小电压。如果不在中心,可以根据脉冲幅度和脉冲的起始时间(相位)确定目标的位置。这种扫描系统被称为旋转扫描式系统,该系统应用于苏联的 SA-7 红外地空导弹。由于旋转扫描式系统直接面向飞机,易受干扰,针对这一问题,又研制出了红外圆锥扫描式系统。

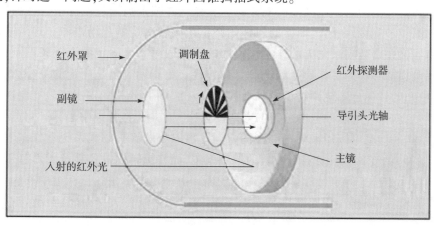

图 6.5　红外制导系统示意图

图6.6 调制盘的不同图案

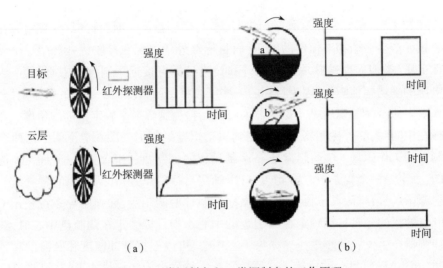

图6.7 A类调制盘和B类调制盘的工作原理

红外圆锥扫描式系统使用了与2.13节所述圆锥扫描雷达相同的原理。圆锥扫描式系统的工作原理如图6.8所示。在红外圆锥扫描式系统中,次镜绕导弹的滚转轴旋转,在滚转轴上的目标始终位于旋转次镜的视场边缘。这是通过倾斜次镜并旋转它来完成的。次镜反射的图像通过一个固定的全辐条调制盘,在圆锥扫描中心的目标映射到调制盘的边缘。由于调制盘是固定的,次镜在旋转,中心的目标会围绕调制盘中心画圆,从而在红外接收机的输出产生周期性电压变化,就像一个脉冲宽度恒定的周期性脉冲。如果目标偏离中心,脉冲宽度将变化,这一信息可以用来校正导弹的方向。可以将圆锥扫描式系统看作基于频率(脉宽)的变化来确定目标位置的调频系统,而将旋转扫描式系统看作基于信号幅度和相位来确定目标位置的调幅系统。由于视场不是以目标为中心固定,而是围绕目标旋转,因此圆锥扫描式系统覆盖的区域更大。因此,与旋转扫描式系统相比,圆锥扫描式系统失去目标的可能性更小。苏联的SA-14红外地空导弹就使用了圆锥扫描式系统来解决SA-7导弹遇到的干扰问题。

值得注意的是,红外探测器不提供距离信息。这一信息并不重要,因为假定导弹一旦接近目标,近炸引信将引爆它。本节描述的调制盘系统只使用一个检测器。整个图像的能量由一个红外探测器接收,所有的跟踪都基于这个量随时间的变化(一维信号)。在后续的发展中,探测器阵列(如焦平面阵列)用于生成图像(二维信号)进行跟踪。

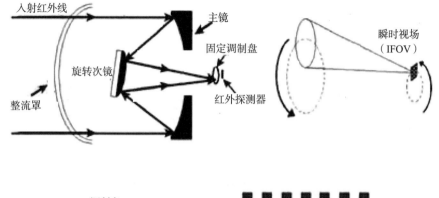

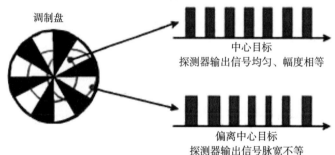

图 6.8　圆锥扫描式系统及其输出[7](见彩图)

6.7　干扰红外跟踪系统[9,15]

由于红外跟踪是被动的,没有制导信号可检测,因此,一旦飞机探测到来袭导弹,即使不知道导弹的制导系统,也必须立即实施红外对抗。

由于红外导弹跟随热源,其对抗措施通过制造亮斑或指向辐射,以欺骗导弹的制导系统。红外干扰机可以是全向的,也可以是定向的。全向干扰机使用的高功率红外光源(如加热的碳化硅块)辐射强烈的红外能量,通过遮光器可以生成一个与红外导弹制导系统的调制盘图案和旋转速度匹配的脉冲样式。由于干扰机的辐射比飞机的辐射强,很有可能使导弹制导系统被干扰机的辐射所迷惑,从而失去目标。一旦打破导弹对飞机的锁定,导弹重新锁定目标的机会就变得很小。由于不同的红外导弹可能使用不同的红外波长,干扰机的光源需要覆盖一个较宽的光谱来对抗多种红外导弹。该方法的有效性取决于干扰辐射的波长和调制模式与红外导弹的工作波长和调制盘扫描模式是否相匹配。此外,干扰机的辐射能量需要足够高于飞机的辐射能量(干信比(J/S))才能有效。这一要求在干扰旋转扫描式系统时更容易实现,因为红外导弹直接对着飞机。然而,干扰一个圆锥扫描式系统所需的干信比要高得多,因为导弹不是直接对着飞机。

针对全向干扰机的干扰功率问题,人们提出并研制出了定向红外对抗系统(DIRCM)。DIRCM 和先前描述的导弹逼近告警系统集成在一起。在来袭导弹被识别和跟踪后,DIRCM 被打开。它的红外源是一个多波段红外激光器。一旦导弹被跟踪,可以利用跟踪信息将激光输出光束直接对准来袭导弹。激光的输出将被调制成不同的模式,以便它能避开各种红外导弹。由于 DIRCM 将其能量直接发射到导弹上,且激光的光束宽度很窄(不像全向光源的能量向各个方向辐射),DIRCM 可以实现更高的干信比。

对红外制导导弹的有效对抗方法还有通过弹射照明弹来制造假目标,照明弹是一种高温燃烧物,或发射模拟真实飞机的诱饵。这个问题将在下一章讨论。

6.8　小结

本章主要讨论如何保护目标飞机免受来袭导弹的攻击,探测来袭导弹是第一步。有些导弹不需要雷达的制导信号就能发动攻击。在这种情况下,设计用来截获无线电信号的无源电子战接收机就无能为力了。

本章介绍了两种导弹探测方法,一种是探测导弹红外辐射的红外导弹逼近告警系统,另一种是利用无线电信号探测来袭导弹的尾部告警雷达。红外告警接收机是一种相对简单的方法。然而,由于自然界中大量热源和太阳反射的存在,红外接收机的虚警率很高。如何减少虚警的同时仍能探测到来袭导弹,是一个非常具有挑战性的技术课题。覆盖不同红外子光谱的多个传感器被用来从太阳光中区分出导弹的排气尾流/发动机热源。这些方法使接收机的设计更加复杂,但可以降低系统的虚警率。另一种方法是在飞机尾部安装完整的雷达系统来探测接近目标以发现来袭导弹。该设备更适合大型飞机,如运输机和轰炸机。这种系统的危险之处在于,它在不断发射无线电信号的同时,可能暴露飞机的位置。

除非导弹或防空炮弹被设计成总能直接击中目标飞机,否则近炸引信是必要的。本章还涵盖了近炸引信的简要历史和工作原理,以及干扰近炸引信的方法。

　　由于导弹是致命武器,一旦被发现,必须立即对其实施干扰。本章阐述了红外导弹的制导原理和可能的干扰方法。就像干扰雷达一样,导弹制导系统的情报对干扰机的成功至关重要。然而,这种信息并不总是能够获得的。如果不清楚来袭导弹的制导系统,应该使用所有可能的干扰措施。要干扰红外导弹,红外干扰机和照明弹(将在下一章讨论)都可以使用。显然,飞行员可以操纵飞机智胜导弹(可能借助太阳光的帮助),但这个话题超出了本书的范围。

参考文献

［1］Alfred Price,History of US Electronic Warfare,vol. 3,The Association of Old Crows,2000.

［2］Operation Desert Storm：Evaluation of Air Campaign,United State General Accounting Office, June 1997.

［3］Anil K. Maini,Handbook of Defence Electronics and Optronics：Fundamentals,Technologies, and Systems,John Wiley & Sons,2018.

［4］J. F. Milthorpe,and P. J. P. Lynn, "Effect of Aerodynamic Heating on Infrared Guided Missiles," in：Z. Jiang (eds) Shock Waves,Springer,pp. 227-232,2015.

［5］Joseph Trevithick, "US Army Hits Setbacks Trying to Add New Infrared Countermeasures to Its Helicopters," the WarZone, January 25, 2018. (https://www. thedrive. com/the-war-zone/ 17969/us-army-hits-setbacks-trying-to-add-new-infrared-countermeasures-to-its-helicopters).

［6］Robert L. Shaw,Fighter Combat：Tactics and Maneuvering,7th edition Naval Institute Press,1985.

［7］Electronic Warfare and Radar Systems Engineering Handbook,Naval Air Warfare Center Weapons Division,2013.

［8］Sungho Kim,Sun-Gu Sun,and Kyung-Tae Kim, "Analysis of Infrared Signature Variation and Robust Filter-Based Supersonic Target Detection," Scientific World Journal,vol. 2014,Article ID 140930,2014.

［9］G. Kim,B. Kim,T. Bae,Y. Kim,S. Ahn,and K. Sohng, "Implementation of a Reticle SeekerMissile Simulator for Jamming Effect Analysis," in the Proc. of the 2nd International Conference on Image Processing Theory,Tools and Applications,Paris,2010,pp. 539-542.

［10］Edward A. Sharpe, "The Radio Proximity Fuze-A Survey," Vintage Electrics, vol. 2, no. 1, https://www. smecc. org/radio_proximity_fuzes. htm.

［11］Richard E. Marinaccio and Ward M. Meier, "Proximity fuze jammer," US Patent # US4121214A, 1969.

［12］JohnW. Lyons. E. A. Brown,and B. Fonoroff, "Radio Proximity Fuzes," https：//nvlpubs. nist. gov/nistpubs/sp958-lide/059-062. pdf.

［13］W. S. Hinman and C. Brunetti, "Radio Proximity-Fuze Development," in Proceedings of the IRE,vol. 34,no. 12,pp. 976-986,Dec. 1946.

［14］Graham Warwick, "Blinding with Science," Flight International,10 January 2000 (https://

www. flightglobal. com/blinding-with-science/30120. article).

[15] C. Kopp, "Heat-Seeking Missile Guidance", Australian Aviation, 1982.

[16] Tae-Wuk Bae, Byoung-Ik Kim, Young-Choon Kim, and Sang-Ho Ahn, "Jamming Effect Analysis of Infrared Reticle Seeker for Directed Infrared Countermeasures," Infrared Physics and Technology, vol. 55, no. 5, pp. 431-441, Sep. 2012.

[17] T. M. Malatji, W. P. du Plessis, and C. J. Willers, "Analysis of the Jam Signal Effect against the Conical-scan Seeker," Optical Engineering, vol. 58, no. 2, Article ID 025101, 2019.

[18] C. J. Willers, J. P. Delport, and Maria Susanna Willers, "CSIR Optronic Scene Simulator Finds Real Application in Self-protection Mechanisms of the South African Air Force," in the Proc. of Science Real and Relevant Conference, 2010.

[19] Sam Goldberg, "Infrared Countermeasures: the Systems That Cool the Threat from Heat-seeking Missiles," Air and Space Magazine, July 2003. (https://www. airspacemag. com/how-things-work/infrared-countermeasures-4739633/).

[20] J. Heikell, Electronic Warfare Self-protection of Battlefield Helicopters: a Holistic View, Helsinki University of Technology, Applied Electronics Laboratory Series E: Electronics Publications E18, Espoo-Finland, 2005.

[21] Jack R. White, Aircraft Infrared Principles, Signatures, Threats, and Countermeasures, Naval Air Warfare Center Weapons Division, Sep. 2012.

[22] Electronic Warfare Fundamentals, U. S. Department of Defense, November 2000.

第7章
箔条、照明弹和诱饵

7.1 引言

我们已经讲过了雷达和电子战的基本原理。干扰的主要目的是防止雷达或导弹制导系统获得关于其目标的精确位置/速度信息。这一任务可以通过发射如前几章所述的无线电波(对抗雷达)或红外辐射(对抗红外导弹)来完成。本章将介绍几种不是基于电子设备的干扰措施。本章介绍的方法不是发射无线电波或红外光,而是使用物理装置在雷达屏幕上制造假目标或热源来吸引红外导弹。虽然其中一些干扰措施的历史只略短于雷达,但它们至今仍在使用,我们将从最古老的箔条干扰开始。

7.2 箔条及其抗干扰措施

在所有的干扰技术中,箔条是最古老的一种,但它至今仍在使用。在早期,箔条是一个金属线圈,但是今天,箔条是由涂覆金属的尼龙或玻璃纤维制成,一个投放筒可以装下大量的箔条。箔条的工作原理很简单。由于雷达发射无线电波并基于目标反射的信号来确定目标的位置,如果能将雷达信号反射回雷达的大量目标同时投放,它们可以在雷达屏幕上形成一堆假目标,雷达操作员将很难应对。箔条被设计用来反射雷达信号,从而产生这种混乱。由于箔条的谐振波长是其长度的两倍(换句话说,箔条的长度应该是被干扰雷达信号波长的一半),因此可以将精心选择的几个不同长度的箔条布放在一起,以确保最大的频率覆盖和反射。箔条的作用是产生虚假的目标图像,为了实现这一目的,不同的箔条布放方法被设计出来。例如,一架辅助飞机可以在一段时间内投放大量的箔条,从而形成箔条走廊来掩护后面的飞机。这种做法被称为箔条流。箔条的布放速度取决于雷达分辨单元(雷达分辨目标的最小空间体积)的大小。在一个狭小的空间里投放太多的箔条是没有帮助的,这种做法是很浪费的。但如果在分辨单元内投放的箔条太少,可能不足以产生足够强的能被探测到的雷达回波信号。由于这些箔条布放技术需要实践,箔条对环境的影响也曾经引起过人们的关注。有学者对这一问题进行了一些研究,最终发现箔条对环境以及人类/动物的健康没有重大不利影响。

箔条一旦被投放出,它就会迅速减速,结果能够测速的多普勒雷达可以根据速度测量值来区分箔条和目标。在这种情况下,飞行员可能会沿雷达波束的切线方向飞行,这样基于多普勒频移测量到的飞机速度接近零,箔条就可以为飞机提供保护。

7.3 战斗实例:1943 年 7 月 24 日的汉堡大轰炸

1943 年 7 月 24 日晚,德国面向北海的雷达探测到数千架接近的飞机,这些飞机能够"复制"自己。德国的夜间战斗机奉命与来袭轰炸机交战,他们听从了雷达操作员的指示,但却找不到敌机。后来,部署在汉堡的每部雷达都停止了工作,因为整个雷达屏幕布满不断闪烁的点,因此不能给防空炮指挥官提供任何有用的指示。因此,雷达操作员报告了他们雷达出现的异常现象。尽管德国雷达探测到数千个假目标,791 架英国轰炸机还是飞到汉堡进行了轰炸。在德国没有有效的防空力量下,英国飞行员几乎不受干扰地完成了任务,只损失了 12 架轰炸机。这次任务的损失率是 1.5%,而之前对汉堡的六次袭击的损失率是 6.1%。

那天晚上,德国雷达探测到的是英国皇家空军投下的铝箔条,即箔条。英国人给箔条取代号为"窗户","打开窗户"的意思是"投放箔条"。那天晚上对汉堡的轰炸是箔条在作战中的第一次成功使用。关于箔条有一个有趣的事实,箔条的基本概念非常简单,以至于英国和德国的科学家在 1943 年之前就想到了它(一名英国漫画家杰克·蒙克(Jack Monk)提出了纳粹用金属框架箱式风筝来迷惑英国雷达的想法,并在《每日镜报》上发表了一篇关于这个想法的漫画,从而引起了参与"窗户"项目的英国官员的高度关注)。德国人给箔条取代号为Düppel。在了解到 Düppel 的干扰效果后,赫尔曼·戈林(Hermann Göring)命令立即停止对其研发,并销毁了相关的研究文件,担心这样一个简单的技术会落入敌人手中。出于同样的原因,英国政府也对引入"窗口"犹豫不决,最终是由温斯顿·丘吉尔(Winston Churchill)批准使用箔条技术,他曾拒绝在战时内阁上讨论这个问题,因为它太技术性了。

　　一段时间后,德国雷达操作员开发出了区分箔条和真实目标的技术,包括使用速度来区分它们,以及箔条出现时改变雷达频率。德国人也用 Düppel 进行了报复。

7.4　照明弹及抗干扰措施

　　《牛津学习词典》中对"flare"是"一种持续时间不长的明亮但不稳定的光或火焰。"这也是对电子战中使用照明弹的相当准确的描述,在这种情况下,照明弹是一种从飞机上射出来的非常热的物体,它的热量或亮度持续很短的一段时间(几秒钟)。就像箔条被设计成雷达的真实目标一样,照明弹被设计成产生红外辐射来迷惑红外导弹制导系统,使其误认为真目标。为了实现这一目的,照明弹必须满足以下条件:①被射出后几乎立刻达到峰值强度;②生成的红外辐射要强于飞机的热源辐射,比如排气尾流和发动机等;③其红外光谱要比红外导弹追踪的飞机的红外光谱更有吸引力。照明弹可以用能产生强可见白光的并且在暴露于氧气后能立即燃烧的烟火材料制作,从而产生红外辐射。

　　在理想的情况下(当然是对目标飞机而言),一旦照明弹射出后,红外导弹的热导引头就开始跟踪照明弹,失去对飞机的锁定。照明弹是对抗旋转扫描式红外导弹的一个非常有效的措施。就像箔条一样,照明弹在弹射后立即开始减速。为了区分照明弹和真实目标,红外制导导弹可以通过速度来区分照明弹和真实目标,就像雷达通过速度来区分飞机和箔条一样。对于围绕目标旋转的圆锥扫描系统来说,照明弹可能会因为太快失去速度而从圆锥扫描系统的视场中掉出来,使圆锥扫描系统无法跟踪它。红外导弹探测照明弹的方式有以下两种,一种通过比较照明弹和目标的红外光谱,观察突然增加的红外辐射,另一种通过两个红外辐射源(即照明弹和飞机)的突然分离。当探测到照明弹时,导弹的跟踪系统可能会等到照明弹离开它的视场后再跟踪它的目标。

　　应对红外导弹制导系统的抗干扰措施,照明弹应该具有与被保护目标类似的红外光谱,并应当持续不断地抛射多个照明弹,因为如果照明弹在红外导弹的视场中停留更长时间,红外导弹的跟踪精度就会受到影响。先进的照明弹甚至被设计成在飞机后面自行驱动飞行一段时间,所以红外导弹不能通过照明弹与飞机的突然分离或照明弹的减速来识别它。这样的照明弹称为动态照明弹。有人可能会说,带有推动机制的照明弹类似于滑翔机或诱饵,这将是下一节的主题。

7.5 诱饵

就像箔条一样,制造诱饵是为了迷惑雷达,使雷达误以为它是目标飞机。与箔条的主要区别是诱饵要复杂得多。它可以被认为是一架微型飞机,一些诱饵机自带动力并携带干扰机。为了最大限度地提高欺骗雷达的概率,诱饵设计要增大其雷达截面积,使一个小型诱饵可以作为一个大型战斗机或轰炸机出现在雷达屏幕上。

诱饵在诸多方面都非常有用。根据其用途,可分为消耗性诱饵、拖曳式诱饵和饱和性诱饵。消耗性诱饵从飞机上弹射出来以分散导弹的注意力。消耗性诱饵上的电子设备可以产生大的雷达图像来引诱导弹,从而保护飞机。先进的消耗性诱饵如 BriteCloud 系列装备了 DRFM 来捕获和转发雷达信号以引诱飞机上的导弹。消耗性诱饵的一个问题是,虽然消耗性诱饵的电子设备可以骗过雷达,就像箔条一样,但消耗性诱饵没有发动机,所以它像滑翔机一样不能在空中停留很长时间。这一问题可以通过拖曳式诱饵来解决。从名称上,可以想象一个拖曳式诱饵被挂在飞机上,使它可以跟在飞机后面飞行。现代拖曳式诱饵通过光缆连接到飞机上,它可以传输飞机上干扰机产生的干扰信号。如果干扰不起作用,最后的手段将是让拖曳式诱饵成为导弹的目标。在一次成功的任务后,拖曳式诱饵如果没有被摧毁,就可以回收重复使用。F-18 战斗机使用的 AN/ALE-55光纤拖曳式诱饵就是一个例子。

饱和性诱饵的主要功能不同于刚才描述的两种诱饵。饱和性诱饵被用来触发敌人的雷达进入工作状态,而不是保护飞机。为了实现这一目的,新型饱和性诱饵,如美国空军的 ADM-160B 微型空射诱饵(MALD)配备了发动机,使它们可以飞行较远的距离(几百英里),并有较长续航时间(约 45min)。这样的诱饵也被称为饵弹。由于饱和性诱饵具有与真实飞行器相似的雷达截面积和飞行特性,它可以引导第一波攻击,诱使对方雷达工作,从而消耗对方用来跟踪真正攻击机的资源,并暴露对方雷达位置。饱和性诱饵的功能也可以通过无人机来实现。如 5.14 节所述,在 1982 年黎巴嫩战争中,以色列空军使用无人机触发叙利亚雷达工作,以便以色列空军能在 15min 内精确定位并压制叙利亚 19 个 SA-6基地中的 17 个。在"沙漠风暴行动"的第一个晚上,无人机和美国海军的无动力 TALD1(战术空射诱饵)被用来欺骗伊拉克的高射炮、导弹以及雷达开始工作。它们中的大多数随后被摧毁,伊拉克的防空系统从第一次海湾战争开始就大大地减少了。

7.6 小结

本章介绍了三种非电子的干扰：箔条、照明弹和诱饵。到目前为止，我们已经描述了电子战的循环：雷达发射无线电波探测目标，红外导弹利用目标的红外辐射跟踪目标。干扰是为了给雷达或红外导弹跟踪系统制造混乱，然后抗干扰措施被设想抵制相应的干扰。每一种干扰都会遇到相应的抗干扰措施，每一种抗干扰措施都会激发更先进的干扰的发展。这是一个永远不会结束的电子战循环。要赢得这场比赛的另一种方式是阻止这个循环开始。如果一架飞机可以设计成雷达发现不了，那么就没有必要用电子和/或非电子干扰方法欺骗雷达，从而避免之后的所有麻烦。这种飞机通常被称为隐身飞机，这将是下一章的主题。

参考文献

[1] George W. Stimson, Introduction to Airborne Radar, 2nd edition, SciTech Publishing, 1998.

[2] Anil K. Maini, Handbook of Defence Electronics and Optronics: Fundamentals, Technologies, and Systems, John Wiley & Sons, 2018.

[3] Electronic Warfare and Radar Systems Engineering Handbook, NavalAir Warfare Center Weapons Division, 2013.

[4] Electronic Warfare Fundamentals, U. S. Department of Defense, November 2000.

[5] Richard E. Farrell and Steven D. Siciliano, Effects of Radio Frequency (RF) Chaff Released during Military Training Exercises: A Review of the Literature, (https://www. gov. nl. ca/ecc/files/env-assessment-projects-y2004-1159-environmental-effects-of-radio-frequency-chaff. pdf), March 2004.

[6] R. V. Jones, Most Secret War, Wordsworth, 1978.

[7] Alfred Price, Instruments of Darkness: the History of ElectronicWarfare 1939-1945, Frontline Books, 2017.

[8] Mario de Arcangelis, Electronic Warfare: From the Battle of Tsushima to the Falklands and Lebanon Conflicts, Blandford Press, 1985.

[9] Grant Turnbull, "Can New Spoofing Tech Give US Aircraft a Shroud in the Clouds?," Defense News, (https://www. defensenews. com/electronic-warfare/2019/05/15/can-new-spoofing-tech-give-us-aircraft-a-shroud-in-the-clouds/), May 15, 2019.

[10] John Keller, "Navy asks BAE Systems to Build T-1687/ALE-70(V) Electronic Warfare (EW) Towed Decoys for F-35," Military and Aerospace Electronics, (https://www. militaryaerospace. com/unmanned/article/16726515/navy-asks-bae-systems-to-build-t1687ale70v-electronic-warfare-ew-towed-decoys-for-f35), Aug. 17, 2018.

[11] Tyler Rogoway, "Recent MALD-X Advanced Air Launched Decoy Test Is A Much Bigger Deal

Than It Sounds Like," the Warzone, (https://www. thedrive. com/the-war-zone/23126/recent-mald-x-advanced-air launched-decoy-test-is-a-much-bigger-deal-than-it-sounds-like), Aug. 24,2018.

[12] Carlo Kopp,"Operation Desert Storm:The Electronic Battle Parts1-3," Australian Aviation (http://www. ausairpower. net/Analysis-ODS-EW. html),June/July/August,1993.

[13] Eliot A. Cohen,GulfWar Air Power Survey:GulfWar Air Power Survey:Weapons,Tactics,and Training and Space Operations,Office of the Secretary of the Air Force,1993.

第8章
隐身飞机

8.1　引言

关于隐身飞机有一个未经证实的故事。曾经,有一个雷达操作员被告知要为雷达做一个现场测试,他尽职尽责地做好准备工作。当他正在测试他的雷达时,他听到了飞机喷气发动机的轰鸣声。于是,他朝发动机噪声发出的方向望去,发现一架飞机正在靠近。然而,当他检查雷达屏幕时,什么也没发现。所以,他开始做一些策略调整,但他做任何操作都没有效果,直到飞机消失在地平线上,他的雷达仍然找不到这架飞机。这个雷达操作员开始认为他的雷达是存在缺陷的。"多么幸运的一天!"他告诉自己,然后准备把雷达拿回去维修。他没有意识到的是,他实际上成功地完成了一项测试,这项测试并不是针对雷达,而是针对他看到的隐身飞机。

郑纪豪从他的一个同事那里听到了这个故事,但无法证实。所以,这个故事很可能是个坊间传闻。不过,它确实抓住了隐身飞机的设计初衷。隐身飞机的设计目的是不被雷达探测到,特别是火控雷达。由于雷达可以探测到飞机,而且飞机需要避免被对方雷达锁定,因此雷达干扰技术是十分必要的。所以,原则上,隐身飞机是不需要干扰的。当然,正如我们所见,隐身飞机不是看不见的飞机。在接下来的章节中,我们将介绍隐身飞机的基本原理以及它们是如何被探测的。

8.2　隐身技术

为了避免被雷达发现,一种直接的想法是用特制的雷达吸收材料(RAM)涂覆飞机,以减少反射雷达信号的能量。美国的 F-117 战斗机使用羰基铁吸波涂料,F-35 战斗机使用"纤维垫"吸波材料,其他吸波材料包括泡沫吸波材料、Jaumann 吸收体等。RAM 的组成和使用被列入保密,且是绝对的机密。当洛克希德·马丁公司宣布使用纤维垫材料涂覆 F-35 战斗机时,该公司拒绝提供有关这项技术的细节,因为这项技术属于机密。据报道,1999 年一架 F-117 隐身战斗机在南斯拉夫被击落,一些残骸被送往中国和俄罗斯,以帮助他们发展隐身技术。当被问及俄罗斯和中国是否可能从 F-117 隐身战斗机的残骸中获得美国隐身技术时,美国少将布鲁斯·卡尔森回答说:"我只是想告诉你:制造一架隐身飞机所涉及的科学并不是什么秘密,它涉及外形设计和雷达吸波材料,制造雷达吸收材料所需的技术可在许多地方都可以获得。"[3]

卡尔森将军或许说的是实话。毕竟,一些像嵌入碳纳米管纤维材料的 RAM 已经获得了美国专利(专利号 US20100271253A1),每个人都可以在网上搜索这些专利。然而,躲避雷达的探测是一回事,在作战环境中使用是另一回事。喷气式战斗机的涂层应重量轻、坚韧、耐用、易修理。但一些 RAM,如羰基铁涂料,可能是成本昂贵的、沉重的且难以维护。每次任务结束后,隐身飞机的表面都需要仔细检查。崔宝砚的一个曾经从事隐身技术工作的朋友告诉他,隐身飞机需要经常重新涂覆。不难想象这种做法成本有多么昂贵和不方便。不过,随着洛克希德·马丁公司声称其光纤隐身技术是"耐用、低维护成本的隐身技术",这个问题现在可能已经得到解决,与 RAM 相比,另一种躲避雷达探测的方法要简单得多。很长一段时间以来,人们普遍认为飞机越大,它的雷达截面积就越大。因此,一架大飞机应该在雷达屏幕上显示为一个大目标,人们设计了一种诱饵来模拟飞机的大雷达截面积。1962 年,苏联物理学家彼得·乌菲莫切夫发表了他关于电磁波散射的研究,这项工作被称为物理衍射理论。乌菲莫切夫通过精心设计表面的突然不连续或尖锐边缘,从而使雷达反射信号最小化,该项工作为入射雷达波散射奠定了基础[4,5]。换句话说,一架精心设计的飞机可以有一个非常小的雷达截面积。虽然苏联认为这种方法并不实用,并因此没有将乌菲莫切夫的工作归为保密级别,但美国认识到该项研究的重要性,并开始对这个想法进行测试验证。乌菲莫切夫的工作成果已翻译成英文,现在可以从互联网上免费下载。

关于隐身飞机还有一个问题是它给飞机设计增加了额外的限制。就像我们在 RAM 的例子中看到的那样,设计一种能够散射雷达信号的飞机使雷达无法探测到飞机是一回事;拥有兼具适合空战的可控性和机动性的飞机结构是另一回事。当美国开始测试乌菲莫切夫的理论时,洛克希德·马丁公司将其原型机称为"无望钻石",如图 8.1 所示。这个名字是著名的"希望钻石"的双关语。从图中可以看出,"无望钻石"这个昵称中的"钻石"是指飞机的形状,"无望"是指兼具隐身要求对飞机设计的挑战。即使在隐身飞机问世 40 年后,2018 年,洛克希德·马丁公司的管理层表示,F-35 战斗机的一半缺陷是由于其隐身特性造成的。在某种程度上,设计隐身飞机就像设计一辆无声的赛车来赢得 F1 比赛。当然,隐身飞机的原理是,如果敌人的雷达无法探测到它,那么战斗甚至在开始之前就已经结束了,因为隐身飞机可以在敌人意识到它的存在之前轻易地摧毁它们。这就像赛车手驾驶着一辆无声的赛车,在其他赛车手意识到比赛已经开始之前就开动并完成比赛。

图 8.1　"无望钻石"

除了降低飞机被雷达探测到的可能性外,隐身飞机还应该降低其热辐射、肉眼可见性等性能。由于本书主要是关于雷达和电子战系统,因此这些问题就不在此讨论。

8.3　针对隐身飞机的无源雷达

隐身飞机的目的是让许多雷达无法探测到,但如果使用低频电磁波照射隐身飞机时,例如广播电视信号或者比隐身飞机所对抗的雷达更低频率的电台信号,它可能就会被探测到。原因是低频率的无线电信号波长更长(波长 = 光速/频率),而对于波长较长的无线电信号,整个飞机就会像天线一样反射信号。无源雷达自身不发射信号来主动搜索目标。相反,它依赖于其他源发出的信号,如电台和电视台以及飞机反射的信号。通过比较已知位置的(如电视塔)发射机直接发射的信号和目标反射的信号,无源雷达就可以定位目标。2019 年,德国雷达制造商亨索尔特(Hensoldt)公司声称使用其无源雷达对两架参加 2018 年柏林航空展的 F-35 战斗机进行跟踪长达 150km,这一消息引发业界热议。

那么,使用波长更长的雷达跟踪隐身飞机存在什么问题呢? 答案是精度。波长较长的雷达具有较粗的分辨率。仅仅知道一架飞机在一个大概的范围内是不足以引导导弹或高射炮攻击它的。亨索尔特公司也承认他们的雷达精度还不足以引导导弹。另外,就像商业 GPS 接收机使用来自多个卫星和固定参考站网络的信号来提高其精度一样,可以使用多部无源雷达对多个发射机的信号进行组网探测来提高测量精度。雷达和隐身飞机之间的博弈肯定还会继续。

8.4 战斗实例:1999 年 F-117A 隐身战斗机被击落

为迫使南斯拉夫(主要是塞尔维亚)的武装部队从科索沃地区撤出,北约开始对南斯拉夫进行轰炸,1999 年 3 月 27 日,是北约对南斯拉夫连续轰炸的第三天,南斯拉夫军队完成了一件其他国家从未完成过的事情:击落了一架隐身战斗机。更令人惊讶的是,南斯拉夫军队使用苏联在 20 世纪 60 年代研制的 SA-3 防空导弹(SAM)击落了美国在 1990—1991 年"沙漠风暴"行动中成功使用的 F-117 隐身战斗机。不久,塞尔维亚政府制作了标语为"对不起,我们不知道它会隐身"的讽刺性海报(图 8.2)。那么,这怎么可能呢? 关于这一事件的官方报告可能在很长一段时间内都无法公开,但基于美国空军航空航天工程师克里斯·莫尔豪斯在网上发帖的解释是相当可信的,相关内容如下。

图 8.2 塞尔维亚海报

意识到美国的电子战能力出众,塞尔维亚军队一直在重新部署其导弹系统。因此,与在"沙漠风暴"行动开始时就失去防空能力的伊拉克部队不同,塞尔维亚的地对空导弹在轰炸开始后基本完好无损,他们可以迅速部署导弹系统进行打击。可能是由于美国对其空中优势过度自信,美军在使用 F-117 隐身战斗机进行轰炸时多次规划了相同的路线,这给了塞尔维亚军队一个在飞行路线上准备伏击的机会。塞尔维亚 SA-3 导弹系统包含两部雷达:一部 P-18 预警雷达和一部 SNR-125 火控雷达。P-18 预警雷达工作在 VHF 频段(30~300MHz)。在美国,部分甚高频频谱用于调频电台和电视广播。塞尔维亚军队发现,如果他们使用 P-18 预警雷达的最低工作频率,他们可以探测到 F-117 隐身战斗机(就像无源雷达可以通过利用 FM/电视信号探测到隐身飞机那样)。然而,低频段雷达没有高精度,且当 P-18 雷达工作于低频模式下,其探测距离只有 15mile。尽管如此,如果飞行路线是事先知道的,P-18 预警雷达就足以提供告警。

1999 年 3 月 27 日,美国电子战飞机因天气原因停飞,塞尔维亚通过其情报人员得知了这一情况。因此,当 F-117 隐身战斗机在当天飞近时,塞尔维亚的 SNR-125 火控雷达可以进行几次尝试,而不用担心被跟踪和攻击。在其中一次尝试中,一架 F-117 隐身战斗机正准备投弹并打开了导弹舱。如 8.2 节所述,隐身飞机的外形是经过精心设计以减少其雷达截面积,机身涂覆雷达吸波材料以吸收雷达信号。当导弹舱被打开时,飞机不再保持它的神奇形状,且飞机的内部开始产生雷达回波。结果,SNR-125 火控雷达能够锁定 F-117 隐身战斗机,并向它发射了两枚 SA-3 导弹,其中一枚击落了 F-117 隐身战斗机。F-117 隐身战斗机飞行员戴尔·泽尔科(Dale Zelko)中校跳伞后获救。

在战争中,出其不意是至关重要的。美国的 F-117 隐身战斗机和台军的 U-2 侦察机被击落(3.9 节)的主要原因之一是它们的航线被准确预测。它们被击落时都没有适当的电子对抗支持。当然,在正常情况下,隐身飞机不应该被 20 世纪 60 年代研制的火控雷达锁定;所以泽尔科很倒霉,因为他的飞机处于最脆弱(或最不隐身)状态时被击落了,其实,这一令人尴尬的美国军事行动本来是可以避免的。

8.5 小结

隐身飞机的发展基于这样一种理念:如果飞机不能被雷达探测到,那么它就不会受到雷达的威胁。同样的想法也可以应用于雷达。如果雷达可以发送探测信号而不被截获接收机检测到,那么它就不会被干扰,除非干扰机想在未侦察到雷达信号的情况下主动发射干扰信号来暴露自己。即使在这种情况下,当干扰机没有关于雷达信号特征信息如频率时,干扰也不一定有效。设计成不被探测的雷达被称为低截获概率(LPI)雷达,这将是下一章的主题。

参考文献

[1] Bahman Zohuri, Radar Energy Warfare and the Challenges of Stealth Technology, Springer 2020.

[2] Tom Hundley, "Serbs Sell Secrets of Downed Fighter," Chicago Tribute, November 22, 2001.

[3] Relly Victoria Petrescu and Florian Ion Petrescu, Lockheed Martin Color, Florian Ion Petrescu, 2013.

[4] Konstantinos Zikidis, Alexios Skondras, and Charisios Tokas, "Low Observable Principles, Stealth Aircraft and Anti-Stealth Technologies," Journal of Computations & Modelling, vol. 4, no. 1, pp. 129-165, Jan. 2014.

[5] P. Ya. Ufimtsev, Method of Edge Waves in the Physical Theory of Diffraction, 1962 (https://apps. dtic. mil/sti/pdfs/AD0733203. pdf).

[6] Valerie Insinna, "Stealth Features Responsible for Half of F-35 Defects, Lockheed Program Head States," Defense News, March 5, 2018 (https://www. defensenews. com/air/2018/03/06/stealth-features-responsible-for-half-of-f-35-defects-lockheed-program-head-states/).

[7] Sebastian Prenger, "Stealthy No More? A German Radar Vendor Says it Tracked the F-35 Jet in 2018-from a Pony Farm," September 29, 2019 (https://www. c4isrnet. com/intel-geoint/sensors/2019/09/30/stealthy-no more-a-german-radar-vendor-says-it-tracked-the-f-35-jet-in-2018-from-a-pony-farm/).

[8] Dan Katz, "Stealth-Part 2-Physics And Progress Of Low-Frequency Counterstealth Technology," Aviation Week & Space Technology, August 25, 2016.

[9] W. Lei, W. Jun and X. Long, "Passive Location and Precision Analysis Based on Multiple CDMA Base Stations," in the Proc. of 2009 IET International Radar Conference, Guilin, 2009, pp. 1-4.

[10] Dario Leone, "An-in-Depth Analysisof How Serbs Were Able to Shoot Downan F-117 Stealth Fighterduring Operation Allied Force," The Aviation Geek Club, March 26, 2020 (https://theaviationgeekclub. com/an-in-depth-analysis-of-how-serbs-were-able-to-shoot-down-an-f-117-stealth-fighter-during-operation-allied-force/).

第9章
低截获概率雷达

9.1 引言

在电子战领域,雷达用来探测它发射出去被飞机反射回来的雷达信号。所以,雷达知道要搜索哪个信号。另外,电子战系统可能没有对照射飞机的雷达信号的先验知识,因此它需要在宽频谱和各个方向上搜索信号。换个角度而言,电子战系统的截获接收机检测的是雷达发射的信号,雷达检测的是在雷达和目标飞机之间往返的回波信号。所以,在理论上截获接收机能够在雷达接收回波信号之前探测到雷达信号,如果假设截获接收机和雷达接收机有相同的灵敏度,那么电子战系统可以在雷达发现飞机前识别雷达。在这种情况下,雷达将处于不利地位。正如我们在1982年黎巴嫩战争和"沙漠风暴"的例子中所看到的,获得空中优势的策略之一是欺骗敌方雷达来寻找诱饵,并通过跟踪雷达信号来摧毁敌方的雷达。

为了弥补这一缺点,一些雷达被设计成难以截获的,这种雷达被称为低截获概率(LPI)雷达,这是本章的主题。在讨论LPI雷达的实现方法之前,从LPI雷达的角度重新研究雷达可能是有帮助的。

9.2 雷达概念回顾

到目前为止,本书所考虑的雷达主要是脉冲雷达。脉冲雷达周期性地发出脉冲。根据接收信号的接收时间来定位目标。脉冲宽度(PW)需要短以保证良好的距离分辨率(式(2.3)),并且发射脉冲的能量要足够高,才能保证在雷达探测距离范围内检测到反射回来的信号。因此,脉冲的功率需要很高,因为功率是通过将能量除以 PW 来计算的。由于脉冲是周期性发射的,因此如果反射脉冲在下一个脉冲发出后接收到,那么目标就不能准确定位。因此,脉冲重复间隔决定了雷达的探测范围。反射信号的频率可能会因为多普勒效应而改变,这一信息可以用来确定目标的速度。为了搜索目标,雷达需要不断地扫描天空,一些扫描模式在 2.12~2.14 节中介绍了。雷达的天线有主瓣和旁瓣,如图 2.7 所示,虽然雷达探测到一个信号时,雷达天线通过主瓣和旁瓣发射和接收信号,但是默认信号是通过天线主瓣进入的,因为主瓣增益要远远高于其旁瓣增益。

正如在本书中不断提到的,原则上,电子战系统相对于雷达的一个主要优势是截获接收机直接从雷达拦截单程信号。在第 2 章中,给出了雷达发射信号功率与接收信号功率的关系式,在下面重述,以供参考:

$$P_{rec} = P_t G \frac{\sigma}{4\pi r^2} \frac{\frac{G}{4\pi}\left(\frac{c}{f}\right)^2}{4\pi r^2} = P_t G^2 \frac{\sigma}{(4\pi)^3 r^4}\left(\frac{c}{f}\right)^2 \tag{9.1}$$

式中:P_{rec} 为接收信号功率;P_t 为发射信号功率;σ 为目标横截面积(即隐身战机旨在减小的反射雷达信号的面积);G 为天线增益;$\frac{G}{4\pi}\left(\frac{c}{f}\right)^2$ 为接收天线的有效口径,c 为光速,f 为信号频率;r 为雷达与目标的距离。对于截获接收机,其截获信号功率与发射信号功率的关系为

$$\tilde{P}_{rec} = P_t G \frac{1}{4\pi r^2} \frac{\tilde{G}}{4\pi}\left(\frac{c}{f}\right)^2 \tag{9.2}$$

式中:$\tilde{P}_{rec}$ 为截获信号的功率;$\tilde{G}$ 为截获接收机的天线增益;$\frac{\tilde{G}}{4\pi}\left(\frac{c}{f}\right)^2$ 为截获接收机天线的有效口径。因此,对于距离为 r 的雷达目标,电子战系统和雷达两者接收的信号功率之比可由式(9.2)除以式(9.1)得到

$$\frac{\tilde{P}_{rec}}{P_{rec}} = \frac{\tilde{G}}{G\sigma}4\pi r^2 \tag{9.3}$$

因此,假定式(9.3)中除 r 外的所有参数都是固定的,如果增大 r,在某一点,电子战系统接收到的信号功率将大于雷达回波信号功率。因此,超出这一距离之外,只要电子战系统知道在哪里和如何搜索雷达信号,就可以在雷达探测到飞机之前侦测到雷达。问题是,电子战系统当然需要知道它在搜索什么,因此 LPI 雷达设计的目的是让电子战系统可能侦测不到在它面前的雷达信号,直到为时已晚。

9.3 LPI雷达技术概述

LPI雷达的主要目标是避免被侦测到或至少在被飞机上的截获接收机侦测到之前探测到飞机。有多种方法可以实现这个目标。在本节中,将介绍一些LPI雷达技术,随后的两个部分将重点介绍两种特定的LPI雷达。

减小天线旁瓣。雷达发射信号时,旨在通过天线主瓣发送,通过天线旁瓣辐射的信号可以认为是泄漏。通过旁瓣辐射的信号不仅暴露了雷达,而且进入旁瓣的雷达回波信号,如果被探测到,会使雷达混乱,因为默认接收的信号都是从天线主瓣进来的。因此,电子战系统可以通过将干扰信号对准雷达天线的旁瓣来干扰雷达。因此,一个LPI雷达的天线旁瓣应该具有宽度小和增益低的特性。

使用复杂的搜索模式。雷达扫描搜索空中的目标遵循一定的模式。一旦识别出这种模式,就可以设计相应的干扰方法。5.9节中介绍的反增益干扰就是一个例子。雷达使用的扫描模式越复杂,电子战系统就越难欺骗雷达。相控阵雷达使用固定不动的天线阵列,通过改变每个天线单元发射信号的相位,以电子控制方式将雷达信号引导到想要的方向,随着相控阵雷达的发展,编排一个复杂的扫描模式变得容易得多。此外,相控阵雷达也可以更好地控制其合成旁瓣特性。

跳频。雷达可以通过频率捷变来减少被发现的机会,甚至是脉间捷变。这种做法会使电子战系统分类雷达信号的工作复杂化。

功率管理。为了减少被截获的机会,雷达信号的功率不应高于必要的功率。因此,一旦发现目标,雷达可能会根据雷达回波信号的功率,调整发射信号功率使其刚好能够跟踪目标。

脉冲压缩。目前所涵盖的LPI雷达技术并没有解决式(9.1)~式(9.3)中总结的基本问题,即截获接收机可以在很远的地方截获雷达信号,因为雷达回波信号传播的距离是雷达发射信号的两倍,因此当它到达雷达接收机时损失也更高。但是,与电子战系统相比,雷达有一个巨大的优势:雷达知道自己的信号。因此,LPI雷达的一个关键设计理念是通过在更长时间内分散信号的能量来降低发射信号的功率。这样,雷达信号的功率将太低而不能够通过截获接收机的检测门限。雷达则可以在较长的时间内累积回波信号的功率,从而获得足够的能量来探测目标。此外,截获接收机很可能会错过雷达信号,因为它不知道应该"听"多久才能探测到传入的信号,而且它可能没有用于检索信号的信号特征信息。如果截获接收机只在短时间内累积接收信号的能量,尽管截获的雷达信号的功率有可能明显高于雷达接收到的回波信号的功率,输出可能还是太弱而无法检测到。此外,简单地将接收的信号累积起来并不能从中获取如何干扰雷达的足够信息。这就好比,一个间谍试图偷听两个人之间的谈话,这两个人一边播放着响亮的音乐,一边小声地传递着加密信息,他们说话音量很低。所以间谍可能不会注意到正在进行的对话,且仅仅知道有对话是不足以窃取秘密的。

当然,这种方法的一个直接问题是长脉冲会牺牲距离分辨率,距离分辨率等于光速乘以脉宽除以2(式(2.3))。此外,对于脉冲雷达,一个脉冲发射出去后将沉默一段时间,直至收到回波信号,然后再发射下一个脉冲。例如,一部雷达PRI 为 1ms,PW 为 1μs。在此例中,每一毫秒雷达只用 1μs 发送信号,999μs 等待回波信号。如果使用长脉冲,那么雷达需要等待更长的时间来接收飞机反射回来的信号,因此,雷达的响应时间会很长。为了解决这些问题,需要采用脉冲压缩技术。在接下来的两个小节中,将介绍两种基于脉冲压缩原理的 LPI 雷达、相位编码雷达和调频连续波(FMCW)雷达。

9.4 LPI 雷达例 1:相位编码雷达

在介绍两个 LPI 雷达例子之前,这里先解释互相关的概念。互相关是用来描述信号之间的相似性,下面用雷达信号作为一个例子来解释如何计算互相关。假设雷达发射持续时间为 20ns(PW=20ns)的正弦波,并等待接收回波。图 9.1 中最上方的图给出了发射信号图。在实际应用中,雷达在一个脉冲内发出多个周期的正弦信号,且正弦波的周期要短得多。然而,为了更容易理解这个数字,我们假设一种理想的情况,以便于演示。假设发射信号开始后 100ns,雷达开始接收回波信号。回波信号如图 9.1 中间图所示。假设雷达每 600ns 发射一个脉冲(PRI=600ns)。图 9.1 的顶部图和中间图显示了在 600ns 的窗口内发射和接收的信号。雷达肯定知道它的发射信号,所以它可以计算发射信号和回波信号之间的互相关,看看是否真的存在回波信号。互相关的计算方法:首先将发射信号与回波信号逐点相乘,再将乘积相加,得到一个点的互相关值;然后,将回波信号移动一个样本(在本例中,假设每纳秒采样测量一个数据点),并重复相乘和相加过程来获得下一个点的互相关值。以图 9.1 为例,在这个过程中,发送信号保持不动,接收的回波信号向右或向左移动(右是图中箭头指示的正方向,左是负方向)。当顶部图的第一个点与中间图的最后一个点重叠时,计算第一个互相关点。当这两个图不再重叠时,这个过程就结束了。这样,我们就得到了发射信号和回波信号之间的互相关,如图 9.1 底部图所示。如图 9.1 所示,这种互相关图的中心坐标为零,在-100ns 处出现一个峰值,这意味着接收信号看起来和延迟了 100ns 的发射信号相似。如果雷达是固定的,可以认为发射信号需要50ns 才能到达目标。由于无线电波的速度是每秒 299 792 458m,所以目标在

15m 之外。当然,这个目标在这个示例中非常近,这是不现实的。对于运动的雷达或目标,可以通过多普勒频移估计雷达与目标之间的相对速度,在计算目标的距离时需要考虑速度。如果在雷达探测范围内存在目标,互相关图中会出现一个明显高于探测阈值的峰值。

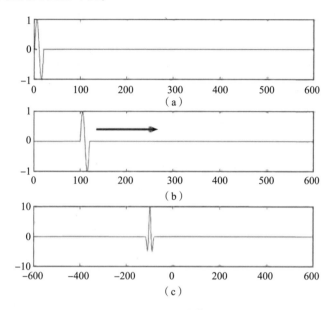

图 9.1　窄脉冲信号
(a)发射信号;(b)接收到一个目标的回波信号;(c)发射和接收信号之间的互相关。

从上面描述的互相关例子中,我们可以看到互相关的大小是由发射信号和回波信号乘积的总和决定的,当发射信号和回波信号对齐时,会出现一个明显的峰值。因此,为了降低发射信号的功率,使截获接收机无法注意到雷达的存在,可以使用低功率、大脉宽的雷达信号。在信号总能量不变的情况下,雷达仍然可以利用互相关法检测目标。然而,关于这种方法有一个问题。如果雷达脉宽很大,那么从两个目标反射的回波信号可能会重叠,从而无法区分。因此,如果我们希望发射一个低功率、大脉宽信号,就需要使用特殊的雷达波形。产生这种波形的技术被称为脉冲压缩,使用脉冲压缩类型波形的雷达被称为脉冲压缩雷达。本章将介绍相位编码雷达和调频连续波雷达,下面先介绍相位编码雷达。

最简单的相位编码雷达只使用两种正弦波类型的雷达波形,它们频率和振幅相同,但相位相差 180°。设其中一个波形代表 1,另一个代表 0。这个信号被称为二进制相移键控(BPSK)。BPSK 信号从 0 到 1 或从 1 到 0 变化的速度称为码元速率。相位编码雷达并不是发射一个很长的正弦波信号,而是发射级联的相位随时间变化的短正弦波信号。例如,雷达可以使用刚提到的两个正弦信号发射一个序列$[1,1,1,1,1,-1,-1,-1,1,1,-1,1,-1]$的 BPSK 信号。这个序列是13 位巴克码。巴克码设计的目的是当两个信号不对齐时,使自相关(即信号与自身之间的互相关)幅度最小化。为了测试该设计,我们将单周期雷达信号替换为13 个周期长的巴克码编码雷达信号($PW = 260ns$)。为保持长雷达信号和短雷达信号具有相同的能量,这里减小了长雷达信号的幅值,结果如图 9.2 所示。

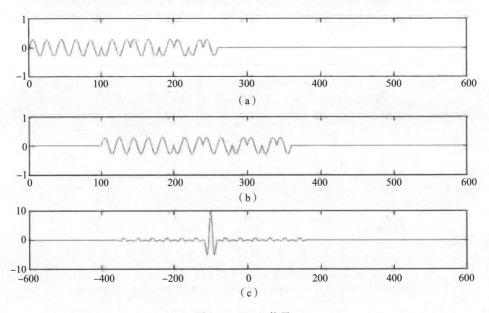

图 9.2　BPSK 信号

(a)发射信号;(b)接收到的两个回波信号;(c)发射和接收信号之间的互相关。

　　从图 9.2 中可以看出几点。首先,虽然巴克码编码的雷达信号幅度更小,但其与回波信号互相关的峰值在同样的位置。因此,尽管相位编码雷达使用低功率信号,但其定位目标的灵敏度和脉冲雷达类似。其次,雷达在发射完信号之前就接收到回波信号。所以,与之前讨论的脉冲雷达不同,这种 LPI 雷达需要收发分置的两个天线,一个用于发射,一个用于接收。由于两天线位置很近(以使接收天线可以接收到回波信号),这种雷达的发射功率不能太高,天线的副瓣增益必须比主瓣增益小得多。否则,接收天线会被发射信号干扰。因此,LPI 雷达的探测距离通常不远。最后,在本例中,尽管使用信号的脉宽比脉冲雷达信号的脉宽大得多(260ns 对比 20ns),但 LPI 雷达信号的互相关显示的峰值似乎与图 9.1所示的峰值一样尖。尖峰意味着使用这个脉宽很大的雷达信号仍然可以实现一个较高的分辨率来分辨目标。

为了测试相位编码雷达是否能像窄脉冲雷达那样有效地分离两个目标,这里进行了仿真。假设有两个目标需要探测。对于脉冲雷达来说,从第一个目标反射的回波信号在发射开始后 100ns 到达雷达,又过了 50ns 之后,第二个目标反射的回波信号到达雷达。仿真结果如图 9.3 所示。对于使用 20ns 脉宽信号的雷达,接收机可以清楚地看到两个回波,以及两个尖峰出现在发射和接收信号之间的互相关图中。对于信号脉宽为 260ns 的相位编码雷达,两个回波信号重叠,如图 9.4 所示。不过,在互相关图中,在正确的位置仍能看到两个明显的峰。这两个简单的仿真表明,相位编码雷达使用更低的功率和更长的信号可以实现和窄脉冲雷达相同的距离分辨率和灵敏度。

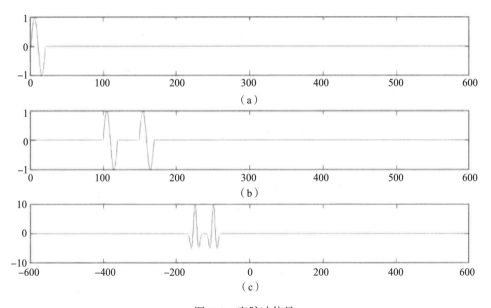

图 9.3　窄脉冲信号

(a)发射信号;(b)接收到的两个回波信号;(c)发射和接收信号之间的互相关。

对于电子战系统,相位编码雷达信号是一个很大的挑战。电子战系统期望通过检测接收信号功率的阶跃变化来截获雷达信号将行不通了。原则上,如果电子战接收机知道发射的雷达信号,它也可以利用互相关原理来检测信号,且它收集到的信号能量可能大于雷达接收到的信号能量。然而,这种情况几乎不可能发生。

本节的标题是相位编码雷达,相位编码雷达有多种类型。在本节中,我们只讨论用两种波形编码的 BPSK 雷达信号,还有其他使用两种以上波形的相位编码雷达信号。例如,正交移相键控(QPSK)信号使用具有(0°,90°,180°,270°)相移的四种类型波形。BPSK 信号的一个缺点是易受多普勒频移的影响,多普勒

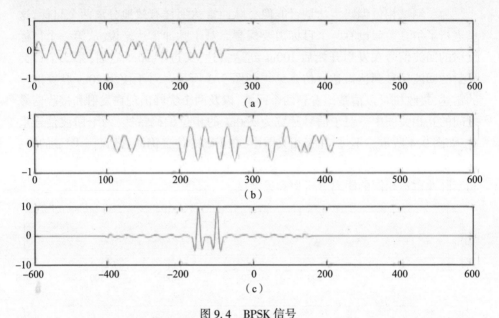

图 9.4　BPSK 信号

(a)发射信号;(b)接收到的两个回波信号;(c)发射和接收信号之间的互相关。

频移会改变回波信号的相位。9.5 节将介绍另一种 LPI 雷达波形——调频连续波(FMCW),它较不易受多普勒效应影响。

9.5　LPI 雷达例 2:FMCW 雷达

第 2 章介绍了调频雷达(2.11 节)和连续波雷达(2.16 节)的概念。连续波雷达发射连续不间断的正弦波信号,根据回波信号的频率变化检测运动目标。连续波雷达的缺点是它不能测距,如果目标和雷达之间的相对速度为零,由于不产生频率变化,连续波雷达就无法检测到目标。调频雷达是一种脉冲压缩雷达。调频雷达不发射功率大而脉宽小的正弦脉冲,而是发射低功率和大脉宽的频率调制信号。在接收端,可以对长反射信号进行脉压以获得良好的距离精度,具体实现过程如 2.11 节所述,或者可以计算发射信号和反射信号之间的互相关,以获得相同的效果。图 9.5 给出了一个在 0.25μs 内频率从 25MHz 到 125MHz 的调频信号波形。频率变化率称为调频斜率。图 9.5 所示的调频信号是线性调频(LFM)信号,信号频率随时间线性变化。也可以使用其他类型的调频信号。为了演示如何使用调频雷达信号的互相关来检测目标,这里重复了上一小节的两个仿真。图 9.5 所示的调频信号用于检测一个和两个目标。在一个目标的情况下,雷达接收机在开始发射雷达信号 100ns 后接收回波信号。在两个目标的情况下,分别在开始发送信号 100ns 和 150ns 后接收到两个回波信号。图 9.6 和图 9.7 分别给出了两个仿真的发射信号,回波信号,以及发射和回波信号之间互相关的仿真结果图。结果表明,低功率、大脉宽的调频信号可以像 BPSK 信号一样对目标进行测距。

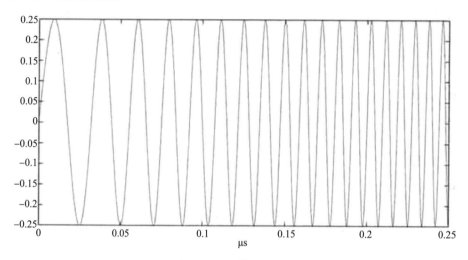

图 9.5 调频信号示意图

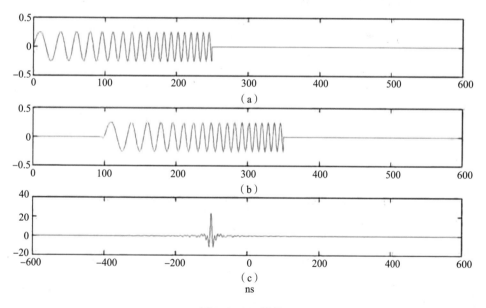

图 9.6 FM 信号

(a)发射信号;(b)接收到一个目标的回波信号;(c)发射和接收信号之间的互相关。

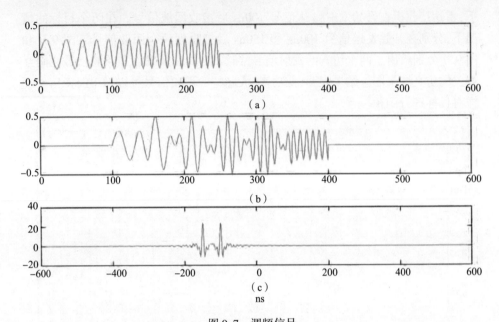

图 9.7　调频信号

（a）发射信号；（b）接收到的两个目标的回波信号；（c）发射和接收信号之间的互相关。

FMCW 雷达通过发射连续不断的调频信号,结合了连续波雷达和调频雷达的特点。FMCW 信号类型有许多,图 9.8 所示的时频图就是一种典型的 FMCW 信号,该信号被称为锯齿信号,其频率线性增加直到最大值,然后信号频率复位到起始频率。由于信号的往返传播时间(t_d)和多普勒频移(F_{IF}),回波信号的频率与发射信号的频率不同。因此,如果接收机计算发射信号和接收信号的频率差,在每个脉冲期间会有两个频率差。由这两个差值可以确定目标的距离和速度。

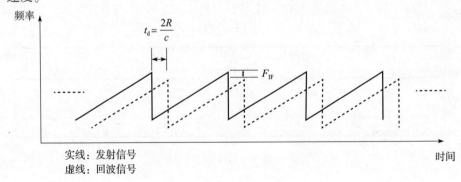

图 9.8　锯齿波 FMCW 雷达信号

对于 FMCW 雷达,互相关操作同样可以用于测距。然而,我们将讨论一个广泛使用的 FMCW 雷达原理框图,这是一个非常巧妙的设计。图 9.9 所示给出了一个 FMCW 雷达原理框图。FMCW 雷达有发射和接收天线。在接收端产生的 FMCW 信号被发送到发射机天线与接收机天线相连接的混频器。这种 FMCW 雷达接收机是一种超外差接收机,在第 4.6 节中对其进行了介绍。混频器的输入是接收信号和发射信号,其输出两个信号,一个信号的频率为接收信号和发射信号的频率之和,另一个信号的频率为接收信号和发射信号的频率之差。混频器输出信号的高频部分将被低通滤波器过滤掉。因此,得到的信号将是两个级联的正弦信号,如前一段所述,其频率可用于定位目标和测速。

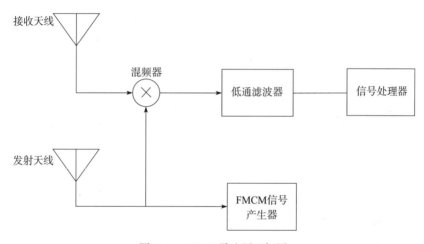

图 9.9　FMCW 雷达原理框图

FMCW 雷达由于其易于实现,已广泛地应用在各种领域。除军事用途外,它还可用于安防系统、测速枪、汽车雷达等。本节讨论的锯齿波信号可能是最简单的 FMCW 信号。其他的 FMCW 信号还包括三角波信号,其频率线性增加到最大值,然后线性减少到起始频率;频移键控(FSK)信号,其脉冲由几个频率不同且固定的窄脉冲组成,等等。感兴趣的读者可以在本章末尾的参考文献[4]中找到一本专门介绍 FMCW 雷达的书,这里就不再对此主题进行讨论了。

9.6　LPI 雷达的对策

LPI 雷达的低功率信号使其难以被侦测到,特别是通过分析截获到的一小段雷达信号。此外,LPI 雷达的长占空比(在 FMCW 的情况下,占空比为 100%)和低功率降低了截获接收机发现信号功率波动的机会。因此,为了对 LPI 雷达进行侦测和分类,截获接收机需要采用更先进的信号处理算法对接收到的较长信号段进行分析。维格纳–威利分布(WVD)或崔–威廉斯分布(CWD)等是常用的侦测 LPI 雷达的方法,用于分析信号的频率如何随时间变化,它们属于时频分析的范畴。由于这本书的重点是基本原理,而这些方法需要高等数学概念来解释,因此本书对此不进行讨论。

LPI 雷达不仅不易被侦测,而且不易被干扰。噪声干扰的效果不好有两个原因。一是,LPI 雷达(如 FMCW 雷达)使用大带宽信号,因此干扰噪声需要覆盖更宽的带宽。二是,LPI 雷达往往在接收端进行互相关处理,而干扰噪声和 LPI 雷达信号之间没有相关性。因此,噪声干扰并不是一种有效的干扰手段。如果信号特征可以确定,那么,为了干扰一个 FMCW 信号,电子战系统可以产生另一个频率略有不同的调频信号,以提供错误的速度信息。对于 BPSK 雷达信号,可以通过发送 BPSK 干扰信号来产生相位误差。然而,电子战系统可能没有这些信息。如果信号的详细特征不能被提取或数据库中没有,那么可以采用 DRFM 来存储截获的雷达波形,稍微改变信号后,再发送回来欺骗雷达。这种转发式干扰比噪声干扰更有效。

9.7 小结

LPI 雷达是电子战工程师主要关注的问题。其设计的目的是为了避免被对方截获,这样雷达能在飞机上的截获接收机侦测到雷达之前探测到飞机。本章介绍了 LPI 雷达的基本原理、BPSK 以及 FMCW 这两种常用的 LPI 雷达波形。DRFM 是一个能有效地对抗 LPI 雷达的电子攻击工具,但前提是电子战系统先意识到 LPI 雷达的存在。下一章将涵盖机器学习在电子战中的应用前景。随着机器学习的快速发展,也许它将成为电子战工程师对 LPI 雷达的有力反击。

参考文献

[1] James Genova, Electronic Warfare Signal Processing, Artech House, 2017.

[2] R. M. Davis, R. L. Fante, R. P. and Perry, "Phase-Coded Waveforms for Radar," IEEE Transactions on Aerospace and Electronic Systems, vol. 43, no. 1, pp. 401-408, Jan. 2007.

[3] Aytug Denk, Detection and Jamming Low Probability of Intercept (LPI) Radars, Master The-

sis, Naval Postgraduate School, 2006.

[4] M. Jankiraman, FMCW Radar Design, Artech House, 2018.

[5] Jau-Jr Lin, Yuan-Ping Li, Wei-Chiang Hsu, and Ta-Sung Lee, "Design of an FMCWRadar Baseband Signal Processing System for Automotive Application," Springer Plus, vol. 5, Article number:42, 2016.

[6] Youn-Sik Son, Hyuk-Kee Sung, and Seo Weon Heo, "Automotive Frequency Modulated Continuous Wave Radar Interference Reduction Using Per-Vehicle Chirp Sequences," Sensors, vol. 18, no. 9, Aug. 2018.

第10章
机器学习及其在电子战中的潜力

10.1 引言

几乎很难找到一个还没有人尝试应用机器学习的技术领域。在机器学习进入我们的日常词汇之前,智能机器人在战争中的应用就已经出现在电影和电视节目中。当一项技术开始受到关注时,它的能力往往被高估,机器学习也不例外。本章将介绍机器学习在电子战中的一些可能的应用。不同于人们脑海中一些奇特(或非常可怕)的幻想,尽管有一些成功的应用,机器学习在电子战中的应用仍然有很多问题需要克服,其中一些将在本章讨论。不过,在进入这些具体的应用之前,有关机器学习非常宽泛和非规范化的定义会很有用。

我们可能会简单地将机器学习定义为让机器(即计算机)通过从数据中学习来完成任务的技术。在这个定义中,机器学习如何通过分析数据而不是推理来解决问题。这就是机器学习和统计学习高度相关的原因。机器的学习能力取决于人们首先建立的结构和如何呈现数据,以及人们希望机器如何"学习"。根据机器学习的"学习风格",可以将其分为不同的类型:监督学习、无监督学习、半监督学习和强化学习。监督学习是指在学习过程中提供指导。例如,人们可能会用1000张狗和1000张猫的图片来训练机器分辨狗和猫。每张图片都被标注为"猫"或"狗",机器的任务是通过提供的图片学习这两个物种之间的区别,所以当一个新的图片出现时,机器可以确定图片上是"猫"或"狗"。与监督学习相反,对于非监督学习,输入到机器的训练图像是无标签的。以猫和狗的问题为例,我们可能给机器输入1000张狗和1000张猫的图片,但不告诉机器哪张图片是狗,哪张图片是猫。然后,机器的任务是将图像分成两组,即A组和B组。训练结束后,机器可以将一张新图片标记为A组图片或B组图片。人们可能希望机器根据主体的物种来生成这两组图片,但这并不保证能实现;机器很可能根据动物的可爱程度区分它们。从这个简单的解释可以看出,有监督学习和无监督学习的区别在于训练数据是否被贴上标签。半监督学习介于监督学习和非监督学习之间。它的训练数据由一小组有标签的数据和一大组无标签的数据组成。强化学习和前面的几种学习方式不同。它不通过训练数据进行学习,取而代之的,它通过许多仿真来学习如何在与环境的交互中使累积的奖励最大化。强化学习已应用于下棋、电脑游戏等领域。本章列举了一些监督学习和强化学习的例子,这主要来自我们的个人经验,所以这种选择不应该被理解为无监督学习或半监督学习在电子战中没有一席之地。此外,在本章中假定训练结束后,参数的设置保持不变。

10.2　机器学习用于信号分类

目前,机器学习在电子战中最成功的应用是信号分类。随着雷达技术的飞速发展,雷达信号样式越来越多样,正确地对雷达信号分类是对抗先进雷达的关键。信号分类并不是一个新领域,它可以用于军事或民用。工程师们已经开发出基于信号特征或基于一种复杂的假设检验方法的信号分类方法。然而,基于机器学习的信号分类方法要优于这些传统方法。因此,它是我们讨论的第一个机器学习技术。

可应用于信号分类的机器学习技术不止一种。本章介绍的是卷积神经网络(Convolutional Neural Network,CNN)。选择 CNN 的原因是其已经应用于对电子战系统构成强大威胁的 LPI 雷达信号的分类,并取得了良好的效果。此外,CNN 经常被入门级的机器学习研讨会用作第一个实践例子,因此,CNN 成为我们讨论机器学习的起点是很自然的事。由于 CNN 通常用于图像分类,要将 CNN 应用于 LPI 信号的分类,首先要将一维信号转换为图像。时频信号处理技术可以用来分析信号频率随时间变化的情况,其结果可以显示为频谱图。不同的信号频谱图不同,图 10.1 给出了一些例子。如图 10.1 所示,频谱图的两坐标轴分别是时间和频率,颜色代表强度。可以得到同一信号在不同的噪声水平、信号强度、到达时间等条件下的多个频谱图,这些图像可以用来训练一个 CNN。经过这种转换,信号分类问题与区分不同动物的图像就没什么差别。

卷积。要介绍 CNN,首先必须引入卷积的概念。对于图像处理,卷积可以看作是在一个大图像上移动一个小图像掩码,比如一个 3 像素×3 像素的图像。这个图像掩码被称为核。在每个位置,核和大图重叠部分之间逐像素相乘,并将所有乘积(本例中有 9 个乘积)相加,生成结果图像的一个像素。然后,移动核到下一个位置,重复相同的操作。核每次移动的像素数(称为步长)决定了结果图像的大小。如果步长为 1,并在输入图像的边沿上补 0 以便每个像素都用于计算卷积,那么得到的图像将与输入图像具有相同的大小。卷积的原理如图 10.2 所示。

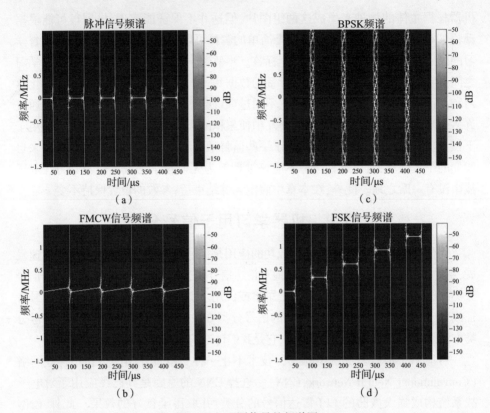

图 10.1 不同信号的频谱图

(a)短脉冲；(b)FMCW 信号；(c)BPSK 信号；(d)FSK 信号。

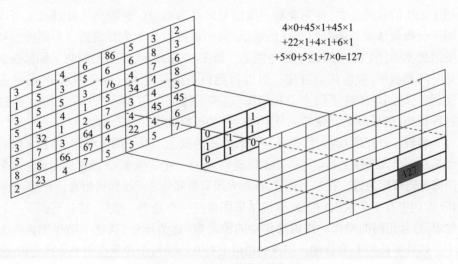

图 10.2 卷积示意图(见彩图)

卷积的目的是提取图像的某些特征。如果我们在某一图像中寻找交叉图案,可以用下面所示的十字形核作卷积。

0	1	0
1	1	1
0	1	0

当这个核和图像中看起来像十字形的部分重叠时,得到的乘积的大小将会很大。在 CNN 中的各个阶段,可能会并行使用多个核来提取不同的图像特征。至于这台机器应该寻找什么样的特征,这是机器需要学习的内容,我们将在后面的段落中讨论这个学习过程。

激活。卷积完成后,需要通过一个非线性函数来生成图像的每个像素,以在神经网络中引入非线性。这个函数被称为激活函数,图 10.3 中给出了几种不同类型的激活函数。

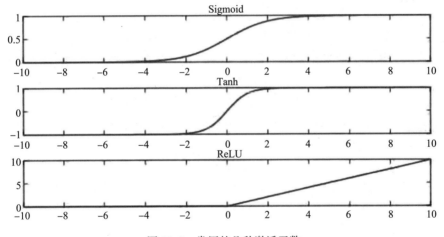

图 10.3 常用的几种激活函数

归一化(偏差)。激活后,要对生成的图像进行归一化处理,以限制其像素值的范围。一种归一化的简单方法是将像素除以其邻域内的平均像素值。

降采样(池化)。然后,需要将得到的图像缩小为更小的图像进行进一步处理。为了完成这项任务,一幅图像可能被分成许多小的子区域,如一个 2×2 的子图像,然后用一个像素替换它们,这个像素的值可以是这四个像素的平均值或最大值。该层称为池化,图 10.4 给出了一个最大值池化示例。

上面描述的四个层,卷积层、激活层、归一化层和池化层,可能会重复多次(在一些迭代中可能会跳过一些层),这个过程被称为特征学习。特征学习阶段生成代表不同特征的大量小图像。特征学习后,将每幅图像中的所有像素级联成一维向量(这个过程称为展平),作为神经网络分类的输入。

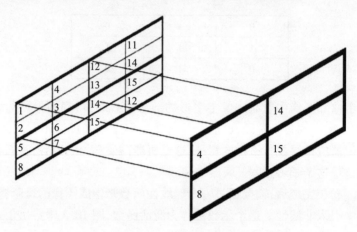

图 10.4　最大值池化示例

　　人工神经元与神经网络。神经网络因其基本操作单元——人工神经元而得名。图 10.5 说明了人工神经元和神经网络。人工神经元的工作可分为两个阶段。在第一阶段,它的输入乘以权值,然后相加。权值是机器需要学习的。然后将其和作为激活函数的输入,激活函数的值即为人工神经元的输出。如图 10.5 所示,神经网络的第一层为输入层,最后一层为输出层,中间的其余层称为隐藏层,人工神经元作为其处理单元。神经网络可以有许多隐藏层。深层神经网络是指具有两个以上隐藏层的神经网络。输入层的大小取决于特征学习生成的像素值。输出层的大小由信号类别的数量决定。如果 CNN 的任务是区分三种雷达信号,比如脉冲 CW、一种特定类型的 FMCW 和一种特定类型的 BPSK,那么输出层的大小就为 3。隐藏层的数量和每个隐藏层中人工神经元的数量由程序员决定。对于分类问题,输出层的值通常在 0 和 1 之间。下面定义的 softmax 函数常用作输出层的激活函数:

$$\mathrm{Out}_i = \frac{\mathrm{e}^{z_i}}{\displaystyle\sum_{j=1}^{k} \mathrm{e}^{z_j}} \tag{10.1}$$

式中:z_i 是人工神经元最后一层的输出。根据式(10.1),输出值一定小于 1。假设 Out_1 表示输入信号为脉冲连续波信号的概率,Out_2 表示输入信号为 FMCW 信号的概率,Out_3 表示输入信号为 BPSK 信号的概率。理想情况下,当输入是 FMCW 信号时,一个完美的 CNN 应该产生 $\mathrm{Out}_1 = 0$,$\mathrm{Out}_2 = 1$,$\mathrm{Out}_3 = 0$ 的结果。CNN 的原理图如图 10.6 所示。

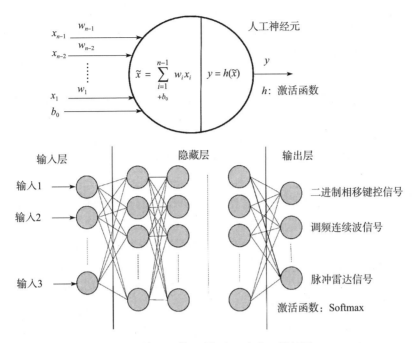

图 10.5　神经网络(顶部为一个人工神经元)

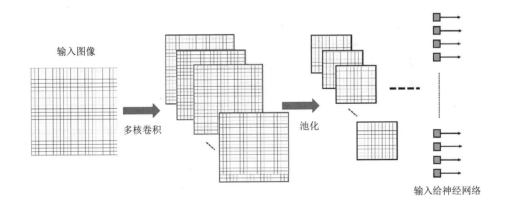

图 10.6　卷积神经网络

值得一提的是,将接收到的信号转换成图像进行分类并不是绝对必要的。接收到的信号可以直接输入给神经网络进行分类。在这种情况下,不需要使用 CNN 的特征学习部分,神经网络输入层的大小等于接收到的采样数据的长度。

反向传播。我们已经完成了对 CNN 的描述。在 CNN 结构固定后,网络的性能就取决于核的值和每个神经元的权值。这些值是在训练阶段确定的。通过带标签的训练数据帮助机器确定这些系数。例如,假设使用脉冲连续波作为训练数据,CNN 网络的输出是 Out1 = 0.3, Out2 = 0.6, Out3 = 0.1,而正确的结果应该是 Out1 = 1, Out2 = 0, Out3 = 0。CNN 的系数需要根据这一信息进行调整,以减小误差。反向传播是一种通过使用链式法则和偏导数让机器学习改变神经网络的系数,以减少从最后一层到第一层的误差的算法。在这个过程中,误差是反向传播来迭代更新 CNN 的系数,这就是为什么称其为反向传播算法。调整的大小是基于误差大小和程序员设置的学习率。我们希望在给 CNN 输入足够的训练数据后,CNN 能学习到一个能够给出信号准确分类的设置。对于研究信号分类的工程师来说,识别在不同时间到达并在时间上部分重叠的多个不同功率的信号仍然具有挑战性。处理这种情况的一种方法是通过尽可能多的电子战接收机可能会遇到的场景来训练一个 CNN,但这种方法可能会花费很长时间。因此,需要一个更有效的解决方案。

如前所述,神经网络层的数量、核的大小/数量、神经元的数量、学习率等都会影响 CNN 的性能,这些设置被称为超参数,是由人类决定的。此外,数据预处理的好坏对 CNN 的表现也有很大的影响。"垃圾进,垃圾出"这句古语准确地抓住了神经网络的本质。不出所料,通过机器学习来确定神经网络的超参数是一个非常活跃的研究领域。至少,在机器学习的超参数确定和数据预处理完全由机器来完成之前,人类仍将是有用的,即使是在机器学习占主导地位的领域也是如此。

10.3 机器学习预测多功能雷达的下一个信号

多功能雷达可以按照一些预定的规则对雷达扫描模式和信号特征实现脉间变化。为了准确干扰这种雷达,电子战系统需要能够预测雷达的下一步行动。在某种程度上,这个任务类似于完成一个不完整的句子或一段不完整的音乐。机器学习可以用于此任务,但前一节所述的神经网络不是一个合适的方法。信号分类与此任务的区别在于,后者接收信号之间时间相关性更强。CNN 将接收到的信号作为一个整体来决定其类型。另外,为了预测多功能雷达的下一个信号,电子战系统按顺序接收信号并确定下一个信号的类型。对于处理一个序列数据,递归神经网络(RNN)比 CNN 更适合,图 10.7 显示了 RNN 原理图。

如图 10.7 所示,RNN 有一个反馈路径。为了便于显示,我们可以把这个过程展开,如图 10.7 所示。RNN 的输出是根据当前输入、之前输入和之前输出生成的。我们用"状态"来解释这种相关性。有关这个结构有个通俗的类比如下:把一个人在周五收到的钱当作输入,他的储蓄作为状态,而他在接下来的一周将要花费的钱作为输出。输出和下一个状态取决于输入和当前状态。在本例中，状态(储蓄)由前一个状态、输入(收入)和输出(支出)决定。RNN 的目的是根据当前输入和状态来预测输出。

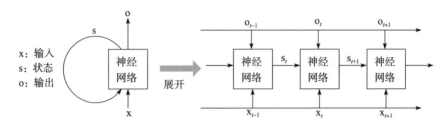

图 10.7　RNN 原理图

那么如何训练 RNN 呢? 与 CNN 一样,RNN 模型由神经元层组成,神经元层的结构由程序员设定,通过训练数据确定模型中的系数。使用由输入和期望输出组成的训练数据,输入序列输入给生成输出序列的 RNN。然后,可以从比较最后一个 RNN 输出(展开的 RNN 的最右端,如图 10.7 所示的一部分)和期望的相应输出开始修正 RNN 系数,并向第一个 RNN 输出(展开的 RNN 的最左端)移动。这个过程称为随时间反向传播。

RNN 其中一个问题是,随着状态的不断发展,RNN 会"忘记"一些事情。尽管状态是所有过去事件的积累,但最近的事件起作用更大。但是,一些长期记忆对处理是有用的。再次使用前面的例子,费用在很大程度上可以由储蓄和收入决定。然而,年轻时中彩票的人的消费习惯可能与年轻时失业的人截然不同。为了解决这个问题,可以使用一种特殊的 RNN,即长短期记忆网络(LSTM)。图 10.8 描述了 LSTM 的原理图。LSTM 有一个额外的进位内存(CM)单元,它可以保持长期记忆并塑造状态。LSTM 输出由状态、进位内存和输入计算得到。这种修改使 LSTM 具有更大的灵活性。

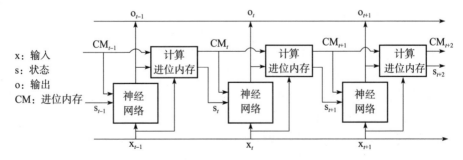

图 10.8　长短期记忆网络原理图

RNN 在自然语言处理中得到了广泛的应用。在某种程度上,如果把多功能雷达每一个不同的信号都看作一个特定的词,那么被截获并正确分类的一系列雷达信号就像一个句子(不同的词分配给不同的信号),预测下一个信号就像基于特定语法知识猜测半截句子的下一个单词。对于这种应用,LSTM 应该是一个有价值的工具。

10.4 电子战行动的强化学习

2016 年,英国公司 DeepMind 完成了许多人认为下一代人无法完成的事情:开发了计算机程序 AlphaGo,在五局系列赛中击败了世界级棋手、获得 18 次世界冠军的李世石。古典围棋是一种战略游戏,占领更多领土的玩家获胜。由于围棋中可能的棋局超过 10^{170} 个,使用计算机遍历完所有可能情形以寻找最佳走法尚不可能。DeepMind 公司使用强化学习技术开发了 AlphaGo,机器学习可以让机器在不学习规则的情况下学习如何下棋和获胜。如果强化学习能够在策略游戏中击败最优秀的人类玩家,那么很自然地这种技术可以应用于电子战系统与雷达的交战。本节介绍了强化学习的一些基本概念,并讨论了强化学习在电子战应用中的潜在问题。不过,在开始之前,下面给出一些术语的定义。

- **智能体(Agent)**:在游戏中采取行动的人。
- **行动(Action)**:智能体做出的决定。
- **状态(State)**:环境中智能体的状态。智能体可能对自己所处的状态有全面认知(就像围棋)或部分认知(就像"黑杰克"游戏)。
- **奖励/惩罚(Reward/Penalty)**:由程序员定义的值。它可以是围棋中移动帮助玩家获得多少领土(奖励)或"黑杰克"玩家损失多少金钱(惩罚)。
- **策略(Policy)**:智能体用来选择行动的算法。强化学习的目的是确定最优策略,使奖励最大化。
- **Q 值(Q-value)**:在某种状态下采取某种行动后,预期的折扣奖励(减去惩罚)。可以写成 $Q(s,a)$,其中 s 是状态,a 是行为。奖励(和惩罚)的减少取决于它在行动后何时收到。例如,三个步骤后的奖励乘以 γ^3,其中 γ 是折扣因子,其值小于 1。换句话说,行动后得到结果快的获得更高的权重。

假设智能体处于具有多个状态的环境中,并且具有多个行动选项。智能体一开始不需要知道游戏规则。因此,它最初可能采取随机行动,通过许多模拟(也称为事件)来确定每个状态和行动的值。通常假设智能体的下一个状态只取决于它当前的状态、智能体所采取的行动和概率。这个场景被称为马尔可夫决策过程,图 10.9 给出了一个马尔可夫决策过程示例。如图 10.9 所示,大圆代表状态,小圆代表行动,连接线旁边的数字为状态转移概率。本例中,从状态 S_0 开始,如果智能体采取行动 a_0,它有 50% 的概率保持在 S_0,有 50% 的概率移动到状态 S_2。对于处在状态 S_2 的智能体,如果它采取行动 a_1,有 20% 的概率它的状态将回到 S_0,且当它发生时,智能体将获得奖励值 2。

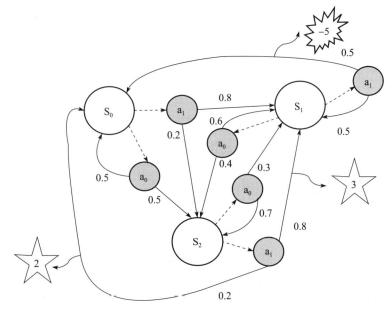

图 10.9　马尔可夫决策过程

需要通过许多模拟来确定由状态和行动构成的不同组合的 Q 值。在获得准确的 Q 值估计之后,最优策略将简单地选择一个产生最高 Q 值的行动。然而,这种方法需要在训练过程中遍历状态和行动的每个组合。当存在大量的状态时,这个要求是不现实的。为了解决这个问题,deep-Q 学习被提出。

一个简化的 deep-Q 学习示意图如图 10.10 所示。状态作为神经网络的输入,每个可能行动的 Q 值作为输出。当采取一个行动时,它产生的奖励被用来更新 Q 值和训练神经网络。网络训练好后,在任何状态下,Q 值最高的行动都会被推荐。虽然 deep-Q 学习的概念很简单,但它有一个固有的问题:神经网络始终追逐着一直移动的目标。当神经网络更新时,Q 值的计算也发生了变化。致使 deep-Q 学习输出不稳定,需要对其进行一些修改。解决 deep-Q 学习问题是 DeepMind 公司的主要贡献之一。不过,这里本文不再对 deep-Q 学习进行讨论,以免让一本介绍性的书变得过于复杂。

策略可以是确定的或随机的。确定策略意味着智能体总是采取能产生最大奖励的行动。随机策略是指智能体根据事先确定的概率采取行动。例如,智能

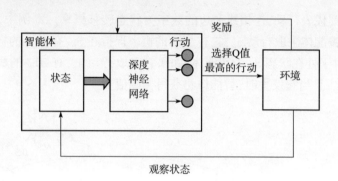

图 10.10　简化的 deep-Q 学习示意图

体采取 Q 值最高的行动的概率为 95%，而智能体采取其他行动的概率为 5%。随机策略是为了探索新的行动，以便机器能够学习一些新的技巧。

　　尽管强化学习在围棋中征服人类这件事震惊世界，但围棋和电子战之间还是有一些显著的区别。在围棋中，关于当前对局的所有信息都是可用的，对手任何可能的移动都是已知的。相比之下，对于电子战系统，并不是所有的信息都是确定的；敌人可能隐藏其意图，而且最糟糕的是，电子战系统不一定知道敌人的每一步行动，也可能没有合适的对策。例如，一种新型导弹可能被秘密部署。一个在作战中不断学习的强化学习系统（就像飞行员或电子战军官）可能会缓解这个问题。这样一个系统可能需要大量的计算，而它落入敌人手中可能会带来无法承受的巨大风险。在这种情况下，能够远程处理计算的云计算或许是一种可行的解决方案。

10.5　机器学习应用于电子战的可能问题

　　机器学习在许多领域和公司都显示出了巨大的潜力或价值，像英伟达（NVIDIA）这样的公司很早就对机器学习进行了投资，前瞻性的布局使其获益巨大。我们已经看到了机器学习在电子战中的一些应用，更多的机器学习方法一定会在电子战研究者中找到它们的拥护者。不过，电子战和其他领域有一个主要区别：缺乏训练数据。机器学习表现良好的前提是拥有大量的训练数据，但雷达操作员希望将他们的雷达信号保密。在强化学习的情况下，需要在一个现实环境中播放足够的样本信号来训练系统，但对于在模拟中没有考虑到的新雷达或没有完全掌握其功能的雷达来说，先前学到的策略对它们可能会失效。机器学习在有限的信息下对电子战帮助有多大可能是值得怀疑的。然而，机器学习专家早就意识到训练数据数量有限的问题，比如在信用卡欺诈检测（正常交易数量远远超过欺诈交易)等其他应用中。基于真实数据的合成训练数据生成等技术可能有助于训练电子战系统,然而,目前仍然没有定论。

10.6　小结

本章介绍了机器学习在电子战中的一些当前和潜在的应用。机器学习是一个日新月异的领域,本章只涵盖了一少部分选定的机器学习基本概念,省略了很多细节。对机器学习感兴趣的读者可以在本章末尾找到一些可查阅的参考资料,网上也有许多免费的教程和书籍。除了本章所涵盖的应用之外,机器学习可能在其他电子战应用中有所用处,如射频识别、异常检测等。不管怎样,应该记住的是,机器学习可以用于改进电子战系统和雷达。因此,当电子战工程师使用某种机器学习技术对抗雷达时,对方的工程师可能会使用相同或不同的机器学习技术进行反制。

参考文献

[1] Paul Wilmott, Machine Learning: an Applied Mathematics Introduction, Panda Ohana Publishing, 2019.

[2] Francois Chollet, Deep Learning with Python, Manning, 2018.

[3] Andriy Burkov, The Hundred-Page Machine Learning Book, Self-Published, 2019.

[4] Aurelien Geron, Hands-On Machine Learning with Scikit-Learn, Keras and Tensor Flow, O'Reilly, 2nd edition, 2019.

[5] Elsayed Elsayed Azzouz and Asoke Kumar Nandi, Automatic Modulation Recognition of Communication Signals, Kluwer Academic Publishers, 1996.

[6] O. A. Dobre, A. Abdi, Y. Bar-Ness, and W. Su, "Survey of Automatic Modulation Classification Techniques: Classical Approaches and New Trends," IET Communications, vol. 1, no. 2, pp. 137-156, Apr. 2007.

[7] M. Zhang, M. Diao, and L. Guo, "Convolutional Neural Networks for Automatic Cognitive Radio Waveform Recognition," IEEE Access, vol. 5, pp. 11074-11082, 2017.

[8] S. Kong, M. Kim, L. M. Hoang, and E. Kim, "Automatic LPI Radar Waveform Recognition Using CNN," IEEE Access, vol. 6, pp. 4207-4219, 2018.

总　　结

我们已经到达了旅程的终点。希望你会同意我们的观点,电子战是一个有趣的技术领域,雷达和电子战系统之间不断发展的对抗展示了人类的创造力,这可能令人着迷,同时又令人恐惧。随着计算机处理能力和固态器件的快速发展,军用雷达比以往任何时候都更加复杂,而电子战是对军用雷达的直接回应。LPI雷达的发展可能会消除电子战系统对雷达的领先优势,因为它们可能不再能在被发现之前探测到雷达。低成本的软件无线电设备和无处不在的无线通信网络使得更强大、更经济的无源化网络化雷达成为可能。对于电子战工程师来说,要在一个极其拥挤的电磁频谱中击败大量不同的对手,将是一项艰巨的任务。DRFM 和机器学习将在这场激烈的电磁频谱战中发挥重要作用。

由于作者的研究经验,本书对电子战的讨论仅限于涉及飞机和导弹的空战(即空中电子战)。海上电子战和地面电子战同样是许多优秀工程师关注的热点领域。以保护卫星为目标的空间电子战已成为一个活跃的研究领域。然而,正如路德维希·维特根斯坦所说,“凡是不能说的,就应该保持沉默”,由于我们缺乏这些领域的知识,本书中就没有涵盖这些主题。

本书旨在介绍电子战基本概念和一些战斗实例。因此,有意地减少了方程的使用。对电子战历史感兴趣的读者可以查找阿尔弗雷德·普莱斯(已故)的相关著作,他在这方面是一位成果颇丰的作家。想要了解有关电子战的更多技术细节或正在考虑在该领域工作的读者可以找到由 Artech House 出版的各种雷达/电子战工程书籍。本书的作者还与 IET 一起出版了一部适用于大学的电子战教科书。

最后,本书以维吉提乌斯的一句拉丁文谚语结尾:“Si vis pacem, para bellum”(想要和平,就做好战争的准备)。

关于作者

郑纪豪(Chi-Hao Cheng),美国迈阿密大学电子与计算机工程系教授。在加入迈阿密大学之前,他在光通信行业工作了5年。主要专业领域为光通信、数字信号处理和电子战接收机开发。他发表了50多篇学术论文,主持的研究项目受到美国空军研究实验室(AFRL)、美国国防部高级研究计划局(DARPA)、美国海军航空局(NAVAIR)、美国国家科学基金会(NSF)等资助。他是三项美国专利的共同发明人。

崔宝砚(James Tsui),是电子战接收机技术的世界权威。他的开创性工作获得了50多项专利,并被认证为美国空军研究实验室(AFRL)以及电气和电子工程师协会(IEEE)成员。在他出版的90部著作中,崔博士写了7部关于接收机的书;其中两部关于电子战模拟接收机,三部关于电子战数字接收机,两部关于GPS软件接收机。这些书籍是工程师和科学家在开发用于众多不同的传感应用的先进接收机技术时的主要参考资料,包括电子战、雷达、通信和导航系统。这些书籍已经成为大学研究生课程教材,也是广受美国国防部的所有三个服务部门和国际上工业公司欢迎的短期课程的基础。遗憾的是,崔博士已于2019年去世了。

主要缩略语

ARH	主动雷达寻的
AM	幅度调制
AFRL	美国空军研究实验室
AWT&T	美国无线电话电报公司
AAA	高射炮
BPSK	二进制相移键控
CM	进位内存
CWD	崔-威廉斯分布
CW	连续波
CNN	卷积神经网络
COSRO	隐蔽圆锥扫描
CRS	横截面积
dB	分贝
DRFM	数字射频存储器
DIRFM	定向红外对抗
EA	电子攻击
ECCM	电子反对抗
ECM	电子对抗
ELINT	电子情报
EP	电子防护
ESM	电子支援措施
EW	电子战
FM	调频

FMCW	调频连续波雷达
FSK	频移键控
HARM	高速反辐射导弹
IR	红外
IF	中频
J/S	干信比
LFM	线性调频
LSTM	长短期记忆
LORO	只作接收用的波瓣
LPI	低截获概率
MANPADS	单兵便携式防空系统
MALD	小型化空射诱饵
PLAAF	中国人民解放军空军
PRF	脉冲重复频率
PRI	脉冲重复周期
PW	脉冲宽度
QPSK	正交相移键控
Q-Value	Q 值
RAM	雷达吸波材料
RF	射频
RNN	循环神经网络
RAF	英国皇家空军
SARH	半主动雷达寻的
Superhet	超外差式
SAM	地对空导弹
TALD	战术空射诱饵
TOA	到达时间
T/R	收/发
TWT	行波管
UV	紫外线
VHF	甚高频
VOA	美国之声
WVD	维格纳-维利分布

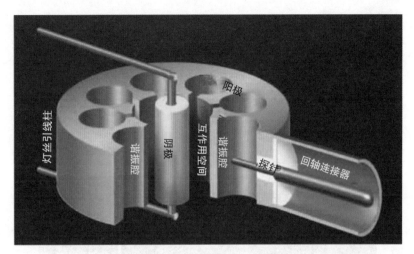

图 2.4　磁控管结构示意图

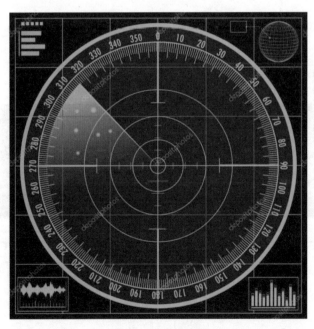

图 2.9　雷达显示图

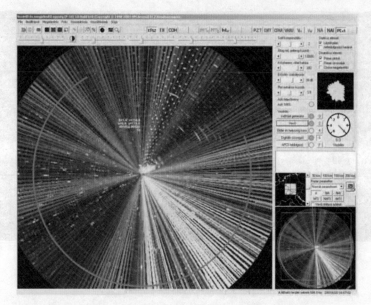

图 5.2　干扰噪声屏蔽雷达屏幕

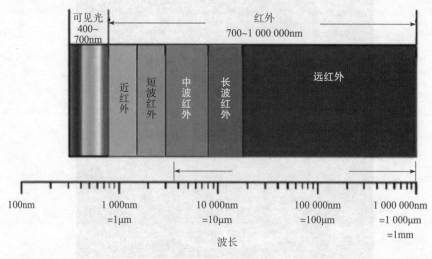

图 6.1　红外光谱

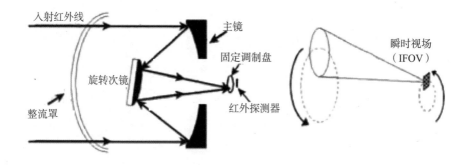

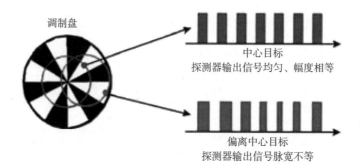

图 6.8　圆锥扫描式系统及其输出

$$4\times0+45\times1+45\times1$$
$$+22\times1+4\times1+6\times1$$
$$+5\times0+5\times1+7\times0=127$$

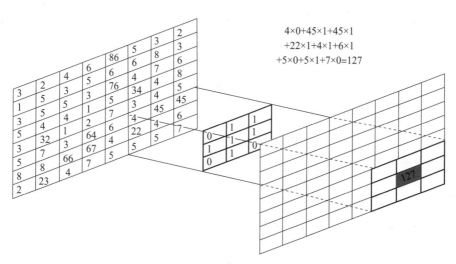

图 10.2　卷积示意图

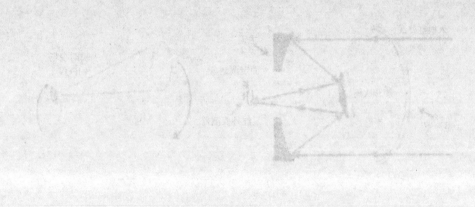